写真と資料が語る

日本の巨木イチョウ

―23世紀へのメッセージ―

堀 輝三 著

内田老鶴圃

はじめに

植物に関心の薄い人でも、イチョウの葉を見て何の木の葉かわからない日本人はほとんどいないでしょう。しかし、夏の間は他の木の緑にまぎれて目立たないので、木の姿が目にとまることは少ないかもしれません。それが、秋の深まりとともに、葉が黄金色となり輝きを増すにつれて、ある日はっとその存在に気づく。イチョウというのはそんな木です。かって過ごした青春時代を想いおこすと、通った学校の庭の、故郷の家の近くのお寺の、神社の、街角の…と、自分の胸にイチョウが想い浮かんでくる人も多いのではないでしょうか。この木は孤立した生活を好む性質があるので、思い出の中でも、「1本のイチョウ」ということが多いと思います。

「イチョウ」といえば木を指し、「ギンナン」（地方によっては、「ギナン」）といえば実を指すように、私達日本人は「銀杏」という字を二通りに発音し分けています。どうやら、イチョウは日本人の精神生活や風土に何か特別な意味を持っている植物であるようです。

今から15年ほど前、まだ誰もイチョウの精子を電子顕微鏡で観察したことがなかった頃、私はそれを細胞構造学的に解析する計画を立てました。イチョウは精子をつくる特異な種子植物の一つであり、陸上植物の進化を考える上で重要な位置にあることを知っていたからです。とはいえ、私はそれまでイチョウの精子を光学顕微鏡ですら見たことがなかっただけでなく、イチョウという木をよく観察したことさえありませんでした。知っていたのは、大学の講義で聞いた「イチョウの学名は *Ginkgo* であるが、これは『銀杏』の音読み−ギンキョウ Ginkyo（あるいは Ginkjo）−をヨーロッパで印刷するとき、間違って *Ginkgo* としてしまったと考えられている」ということだけでした。実は、これは間違った解釈だったことが最近私どもの調査でわかりました[48]。

私はまず、イチョウの精子を見つけるべく、努力を始めました。8月末から10月まで、毎日毎日、一日にバケツ2杯ほど、大きくなったギンナンの実を採ってきて、切片に切りました。私が生のギンナンの皮でかぶれる体質でなかったのは幸いでした。そして、3年目にようやく6個の精子を見ることに成功したのです！　そんな努力の結果、1本の木で精子が見られるのは、1年のうちの、せいぜい3日くらいの間だけだということがわかりました。1本の木では、精子がほぼ一斉につくられ、放出されるのです。ですから、その期を逃すと、翌年まで待たなければ精子を見ることができないのです[49]。

ある日、イチョウの精子を観察していて、「ここ（茨城県つくば市）より、もっと北の方に生えている木では、精子のできる時期は遅れるのではないか」と思いつき、さっそく岩手県北部の一戸町までギンナンの採取に出かけました。その途次、いろいろなイチョウを見たことが、本書の刊行を考える一つのきっかけを与えてくれました。

その後、1年のうちのわずか10日〜2週間に限られた短いシーズンを逃さず、違った木から集めたギンナンを使って、朝から夜中まで、イチョウの精子の挙動や受精過程をビデオ顕微鏡で追跡・記録する研究が何年も続きました。なにしろ、せいぜい数時間しか生きていない細胞が相手なので、生きたままの精子の研究はなかなか根気のいる仕事でした。今では、受精過程ばかりではなく、精子が作られる過程までも、ビデオのダイナミックな映像で見ることができます※。

こうして精子の研究を続けているうちに、いろいろな疑問が湧いてきて、自分の研究対象のイチョウを少し違った角度からも見てみたいと思うようになりました。花粉はどのくらい飛ぶのだろう？　大きいイチョウはどのくらいになるのだろう？　お葉つきイチョウ、ラッパイチョウ、斑入りイチョウというのは、いったいどんなものなのだろう？　イチョウは雌雄異株植物なのに、雌雄が同じ木になる同株のイチョウもあるというが、ほんとうだろうか？　イチョウはどうして絶滅寸前にまで追い込まれたのだろうか、等々です。

そこで、まず、大きいイチョウを見に出かけてみました。そこで見たイチョウの大きさといったら、私の想像をはるかに越えた規模で、腰を抜かさんばかりの驚きと感動を覚えました。ある所では、イチョウの木のまわりに、落ちた葯（一般に雄花とよんでいるもの）が、絨毯をしきつめたようにびっしり積もっていましたが、解説板にはなんと、「雌株」と書いてあるではありませんか！　これはいったいどういうことなのか。間違いでないとすれば、これは「雌雄同株が存在する」という、その例なのだろうか？　このように、実際に自分の眼でイチョウを確かめてみると、さらに新たな別の疑問が湧いてきました。また、幹周千数百 cm 以上と書かれている木のところに行ってみると、幹周が 200 cm、300 cm といった木が数本寄り集まっているだけのこともありました。これでは、巨樹とはいえません。念のため、それらを合計してみると、書かれた値にほぼ一致するではありませんか。

多くの本や辞典類、またイチョウの解説板に、「イチョウは仏教の伝来とともに中国から渡来した」と書かれていますが、「仏教の伝来」とはいつを指すのでしょう[45]。6 世紀に朝鮮の百済の聖明王が仏像と経論を献じた頃を指すのか、何仏教が、あるいは何宗派が伝来したときのことを指すのか、具体的にはさっぱりわかりません。樹齢 1000 年、1500 年以上などとされている樹がありますが、それを科学的に検証することによって、渡来時期の解明の手掛かりが得られはしないだろうか。私にはますます知りたいことが増えていきました。

ある年の秋、幹周 900 cm 以上もある樹の半身が、地上数百 cm の高さからバッサリ裂け、倒れている現場に出会いました。そのすさまじい姿に驚き、夢中でカメラのシャッターを切りました。近所の人に聞くと、私が行った前の週、その地方を襲った台風でやられてしまったということでした。これがきっかけで、私は「記録」という視点からイチョウの木を撮り始めるようになりました。そして、この眼で確かめ、記録したイチョウの本をつくろうと決意したのです。私はそこにいた人に頼み込んで、台風で折れたイチョウの巨枝を輪切りにしてもらいました。それは、本書を構想するきっかけになった記念碑として、今でも家に保存しています。

人は自分で自分史を書きます。しかし、植物は書けません。いえ、書けないのではなく、書いているのですが、現在の私達がそれを読み取れないだけなのではないでしょうか。植物は、体の中にその生きているときの歴史を刻み込んでいます。イチョウが刻んだ歴史をわれわれが読み取れるようになり、その知識が人類に貢献する日がくることは充分期待できます。ですから、現時点で存在

※　株式会社「東京シネマ新社」（東京都文京区白山 2 丁目 31－2，TEL.03－3811－4577）から、「種子の中の海」（35 分、カラービデオ）として発売されている。

する歴史を刻んだ巨木イチョウの姿をできるだけ多く記録し、残したい。消えてしまってからでは遅すぎる、今すぐ始めなければ、と考えたわけです。20 世紀の初めには空想でしかなかったことが、世紀末には実現されていた例がたくさんあります。植物が記録したものを紐解ければ、われわれに有用な情報が数多く得られるはずです。たとえば、イチョウの“入皮”には、それが形成された当時の大気組成が固定、保存されているといいます[41]。他にどんな有用な情報が引き出せるか、まだ具体的に予想がつきませんが、想像は膨らみます。撮影したフィルムやそのプリント紙（写真）から、有用な情報が引き出せるようになる時代がきっとくるでしょう。

イチョウは人によって植え継がれてきたので、野生ではないとされます。確かに、イチョウは北海道から九州まで、街路樹や公園樹として広く植栽されています。人によって植えられてきたので、動物の関与によって分布が広がった例は稀にしかないでしょう。横道にそれますが、ではどんな野生動物によってイチョウは散布されるのでしょうか？　これについては、第 3 章でお話しします。現在までは、遺伝子テクノロジーによってイチョウが操作されたことはありません。しかし、世界の多くの人々を魅了するこの木が、より暖かい地方や乾燥地帯でも生育できるように、遺伝子操作で改変される日がくると想像するのは、あながち的はずれな空想でもないかもしれません。こう書いていたとき（2002 年 12 月上旬のある日）、テレビは「外国の研究者が遺伝子の人工組み合わせにより、天然には存在しない微生物を設計、実用化も近い…」と伝えました。遺伝子操作で改変されたイチョウが何十年かの後拡散したとき、本来のイチョウの姿はどこで見ることができるのでしょう。こうしたことが起こる前に、現存する 20 世紀のイチョウの姿を記録しておくべきだと考えました。

本書には、現在の日本に生育する幹周 600 cm 台の巨木イチョウ（本書では、幹周 500 ～ 600 cm 台の木を“巨木”、700 cm 以上の木を“巨樹”と定義しました。詳しくは p.289 参照）の、少なくとも 90 数%（本書では 146 本）は収録していると思います。これらの多くは生育を続け、22 世紀末、23 世紀には巨樹になっているであろうと期待されます。残念ながら、公開許可の得られなかったものもあります。

一方、少数ながら、現状のまま放置すればやがて枯死倒壊するであろう木や、特異な生育状況にある大木数本もふくめました。それらがどのような運命をたどるかを検証する資料として役立つと考え、600 cm 以下ですが収録しました。この記録が今後の継続観測の基礎資料として役立つことを願っています。

2003 年 1 月 20 日

著　　者

謝　　辞

5年余にわたる全国調査の間、宿泊、交通の手配、現地ではイチョウの所在地の聞き取り、周囲の撮影、記録の補助など、多岐にわたって私の秘書・助手役として協力してくれた、妻の堀志保美に心から感謝します。彼女の協力なくしては、この調査の完遂は不可能でした。現地調査の一部は、著者が在職中に2年間受けた、筑波大学の学内研究プログラム「実地調査」旅費の支援を得て行いました。一方、この間に、全国の友人や現地の多くの方々（お名前を聞けなかった方が多い）の協力と支援をいただきました。ここに記して、感謝の意を表します（50音順）。

写真撮影協力：川床正治氏（鹿児島市）、巨智部直久氏（群馬大学）、佐藤正弥氏（徳島大学）、隅田朗彦氏（新潟青陵女子短期大学）、田上喬一氏（東大阪短期大学）、三宅貞敏氏（山口市）、矢部滋氏（福井県立恐竜博物館）、山下涌二郎氏（茨城県阿見町、いちょう葉産業KK）。

撮影活動支援：青木優和氏（筑波大学・下田市）、浅野一雄氏（愛媛県三瓶町）、飯田勇次氏（長崎県唐津市・市立湊中学校）、今村氏（長野県飯田市）、浦川虎郷氏（長崎県郷ノ浦町・壱岐島の科学研究会）、奥田一雄氏（高知大学）、岡本昇氏（愛媛県松野町）、甲斐沼弥四郎氏（滋賀県伊吹町）、香村真徳氏（沖縄県宜野湾市）、小林正明氏（長野県飯田市）、木場英久氏（神奈川県立博物館）、葛西晴恵氏（青森県板柳町）、須藤資隆氏（長崎県勝本町役場）、鈴木季直氏（神奈川大学）、高田晃氏（前岐阜県立博物館長）、対馬隆策氏夫妻（青森県浪岡町）、出川洋介氏（神奈川県立博物館）、出口博則氏（広島大学）、永留浩氏（長崎県厳原町・長崎県生物学会）、藤井新也、孝子氏夫妻（静岡県沼津市）、松木滋男氏（北海道札幌市）、六平巧己、恵子氏夫妻（秋田県本荘市）、山口冨美夫氏（広島大学）。

情報収集協力：大井汪氏（東京都）、大井義夫氏（東京都）、小幡満佐子氏（東京都）、片野登氏（秋田市）、鈴木由紀氏（東京シネマ新社）、隅田詩織氏（新潟市）、白倉美織氏（山梨県）、谷口常也氏（東京シネマ新社）、寺田和夫氏（福井県立恐竜博物館）、中野武登氏（広島工業大学）、堀果織氏（横浜市）、丸谷喜美治氏（宮城県田尻町公民館）。

最後に、この書誌出版の意義を解し、支援下さいました内田老鶴圃社長内田悟氏、本の構成および出版について種々お世話になった同社内田学氏、笠井千代樹氏に感謝します。

2003年1月20日

著　　者

目　　次

収録イチョウ一覧

記載項目の説明（凡例）

1 ［/01a］

この記号は、各木につけた著者の個体識別記号である。最初の数字は、都道府県番号で、01は北海道、02は青森県、03は岩手県、…、47は沖縄県、である。アルファベット小文字は、当該木が「幹周700 cm未満」であることと「○○寺(神社、その他)」を示す。両方で、「○○県の幹周500〜600 cm台の○○寺(神社、その他)のイチョウ」ということを示している。

2 ［現住所・所在地・呼称名］

2002年現在での、イチョウの所在地住所を記してある[40]。しかし、現在日本全国で町村合併が進んでおり、住所表示がすでに変わったところがあるかも知れない。また、近々に、あるいは1年後に変わる予定のところもある。そのため、この項目欄は、新住所表記が書き込めるよう多少の余裕をもたせた。

3 ［個体コード番号］

このコード番号は、(旧)環境庁が1988（昭和63）年度に行った「第4回自然環境保全基礎調査（緑の国勢調査)」の報告書である、「日本の巨樹・巨木林」（1991）の中で、すべての樹種個体に付した個体コード番号である[4]。報告書では、いろいろな事由により、基本的に所在地名は市町村名（字名、寺社名が書かれていることもある）に限られている。したがって、報告書の一般利用者は、目的とする樹木が、市町村内のどこにあるかは自分で探さなければならない。著者も何回か経験したが、市町村名だけの情報では個々の木に行き着けない場合がある。このコード番号は、著者が実地調査で確認できたイチョウが「報告書」の中のどのイチョウに相当するかを示している。したがって、個体コード番号は、「報告書」を参照するときに使っていただきたい。もし誤りがあれば、著者の責任である。なお、この欄が〔＊＊＊〕である場合は、「報告書」[4]には記録されていない木であることを示し、空欄の場合は、当該地に多数の記載イチョウがあり、それらのうちのどれであるかが判断できない木であったことを示す。

4 ［3次メッシュコード］

この欄の数字は、「日本の巨樹・巨木林」（1991）[4]に登録されている全樹木の所在地を示す「3次メッシュコード番号」である[39]。3次メッシュとは、日本全土を一辺1 kmの正方形メッシュで区画し、それぞれにコード番号を付したものである。したがって、目指すイチョウのコード番号を知れば、全国の中から1 km四方区画内に目標物の存在地が限定できる、非常に有効な情報である。県単位の本として販売されている。〔＊＊＊〕、空欄は3に同じである。

5 ［目通り幹周］

ここに記載の数値は、著者の実測値（測定日）である。測定許可が得られなかった木については、「日本の巨樹・巨木林」(1991)［4］に記載されている幹周を載せた。幹周値が〈・〉を挟んで連続して書いてある場合は、分岐した各支幹の値を示しており、〈＋〉で書かれている場合は、独立した個体が並立一体化した木であることを示す。それらに続くかぎ括弧［　］内の数字は、株立本数を示す。

第2章「資料編」の年表を見ると、1本の木についてもさまざまな幹周値が記録されている。実測した経験がないと、どうしてこのようにばらばらな値が記録されるのか疑問をもつと思う。年月の経過につれて数値が増加する場合は納得できるが、減少している場合は不信ともなりかねない。なぜこのようになるかという理由は、第3章、3.2項で詳しく説明するが、ここで簡単に述べておく。

伝統的に使われる「目通り」は、地上から130～150 cmの高さを指すとされる（環境庁の調査では、地面から130 cmに設定)。しかし、背丈が伸びた現代人では、それが160 cm以上でもおかしくはない。したがって、その差違は10～30 cmにもなる。幹周が300 cm前後までのイチョウは、一般に地上から200～300 cmくらいの高さまでは幹の形状が円柱である。そのため、測定者が違っても測定幹周値の違いは、それほど大きくない。しかし、樹齢が3桁台に達していると推定される木、すなわち幹周が400 cm、500 cmに達している木では、樹形が逆台形的になることがある。その場合、測定する高さが10 cm違うと、幹周が30～50 cm以上長くなることがある。写真がなければ、当該の木が大幅な数値の違いを生むような特異な樹形であることなど、誰にも想像できない。

そこで、(1) 目通り高より低い位置で分岐する木や、分岐した支幹が水平に伸びるような木の場合、分岐点より低い位置で測定する「共通幹周」を、(2) 多数の（細い）幹や萌芽枝、ひこばえが叢生・並立しているため、内方の幹は融合するなどして測定できない木の場合は、目通り高で測定する「外周(長)」という幹周表示を導入した。

6 ［雌雄性］

「日本の巨樹・巨木林」(1991) にはこの項目はないので記載がない。出版されている本では、部分的にこの記載がなされている場合がある。樋田の「イチョウ」(1991)［14］では、多くの木についてこの記載がなされている。この形質は著者も本書で重視した一つで、雌雄の表示はすべて著者の現地調査に基づいて記した。

雄株：雄花をつけるまでに生長した木であれば、イチョウの雄花（＝葯）は、春に芽が開いてから3～5週間くらいは枝についているので確認できる。しかし、それ以後の確認は一般的には難しい。それでも、花粉を放出して落下した葯の残骸が木の周辺の物陰に残っていることがあるので（著者の経験では、条件に恵まれれば前年に落ちた葯でも発見できる)、注意深く探すと見つかる場合がある。寺社や、学校の校庭、都市の街路樹では、掃除されたり、風で飛散するため発見は難しい。

雌株：成熟した雌株であれば、一年を通してギンナン（雌花、胚珠）(春は1～2 mm程度、徐々に大きくなり、6月には小指大になる) は見られるので、確認は容易である。ただし、8月後半までは葉と同じ緑色のため、数が少ない場合見落とす確率も高い。

次に、雌雄の判定を間違える可能性のある例をいくつか示しておく。

(1)　雌雄にかかわらず、頂冠部に近い枝にのみ花がつき、かつ樹高が高い木の場合、花を確認できない確率が非常に高い。著者の経験でも、毎年 2 ～ 3 個のギンナンしかつけない雌株がある。それは6 年間の継続観察でも変わらない。そうした木では、晩秋にようやく確認できる。

(2)　ギンナンが見えないから、“雄”とするのは、正しい判定ではない場合があるので注意が必要である。理由は、①性徴発現に至っていない若年木（太さには関係がない）または中性的な木であれば花はつけない、②毎年枝払いが施される木は花をつけない（場合が多い）。

(3)　雄株の一部に雌花（若いギンナン）がつく（反対の場合もある）、いわゆる「枝変わり」と呼ばれる現象を示す木の場合、ギンナンがなることを根拠にその木を雌と判定するのは妥当ではない。この枝変わりには、少なくとも三つのタイプがあると思われる；(a) 真に、枝の一部にギンナンがなる場合、(b) 動物が持ち上げたギンナンが雄株の上で発芽・生長した場合、(c) 雄株に雌枝を接ぎ木した場合、である。本巻 No.96/20a は (b) のケースである。(c) については、古く中国の本草書に書かれていて、それを試した人がいたと考えられる。現在は、食用ギンナンの栽培の定法として、広く採用されている。

7 ［参照ページ］

第 2 章「資料編」の該当ページ数を示す。各個体について、資料・解説を付してある。

8 ［「写真像」、「撮影日およびメディア」について］

記録は、ネガフィルム、ポジフィルム（スライド）、デジタル・カメラ撮影およびスケッチの 4 方法で行った。ネガフィルム、ポジフィルムはすべて保存されている。また、すべてのメディア像をデジタル保存している。最下段は、掲載した各像の撮影日、記録メディアの種類を、写真番号ごとに示した。(N) はネガフィルム撮影、(R) はポジフィルム（スライド）撮影、(D) はデジタル・カメラ撮影を指す。

分布案内図について

第 1 図：本書に収録した 180 本の生育地を県レベルで概略的に示した図である。雌は◇、雄は●で表示している。密集地域、県境に分布する場合は、木の番号を付すスペースのため、本来の場所からずらした木もある。ただし、県外にずらすことはしていない。図中、番号は雌雄マークの上側に付けることを原則としたが、分布が密集する都県ではマークを小さくし、直近に付けるようにした。このため、マークに大小があるが、特別な意味はない。東京都については、大円で一括し、数字の大小に特別な意味の違いはない。

第 2 図：著者の測定で 600 cm 以上 700 cm 未満の巨木 173 本の、第 1 図よりは正確な分布地点を示した。南北といった高次レベルの括りで、あるいは東、中部、西日本といったレベルで、また雌雄の分布状況、といった観点で全体を俯瞰すると、いろいろ興味ある事象に気づかれるであろう。

収録したイチョウの所在地概略図

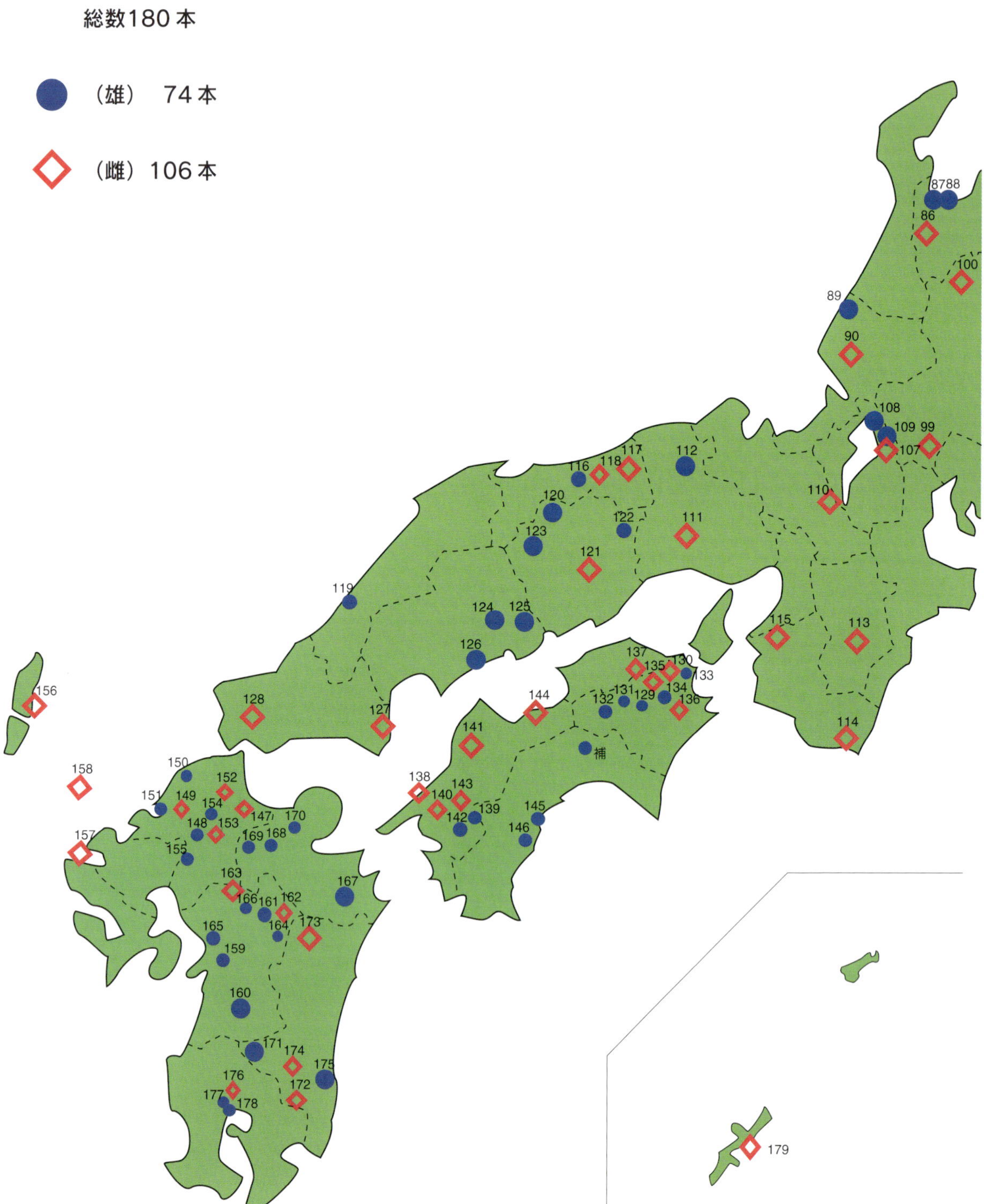

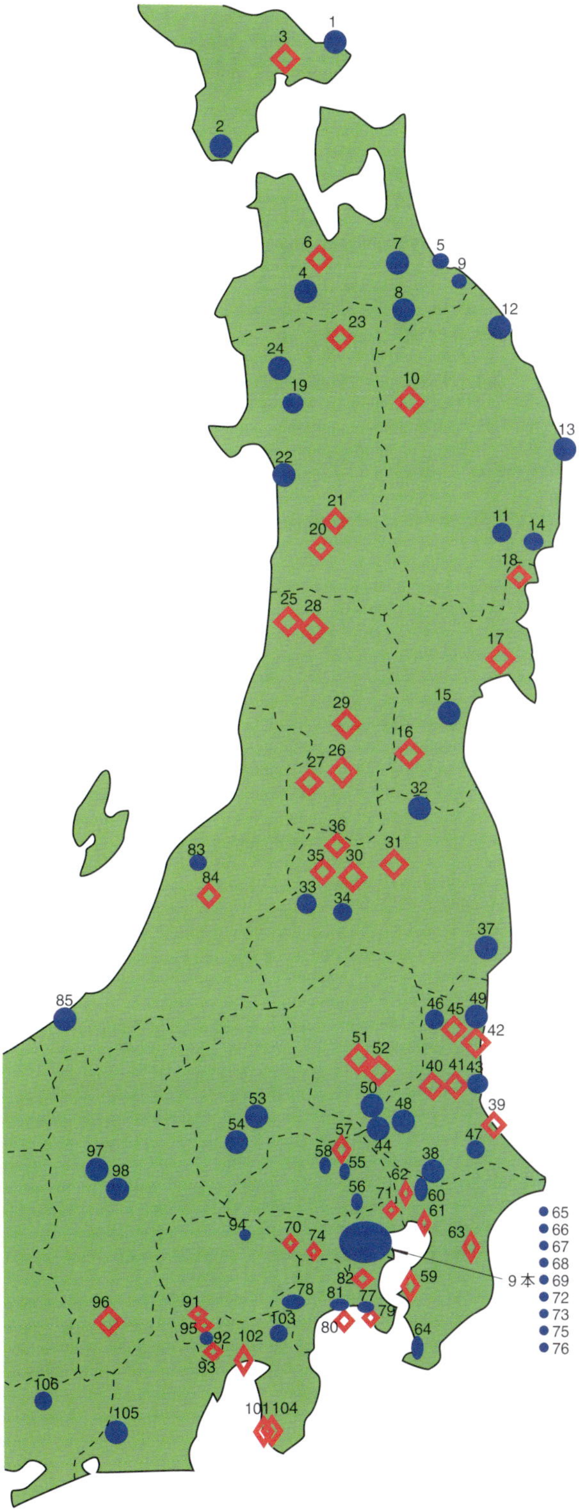
1
3
2
6
7
5
9
4
8
12
23
24
10
19
13
22
21
11
14
20
18
25
28
17
15
29
16
27
26
32
36
31
83
35
30
84
33
34
37
85
46
45
49
42
51
52
40
41
43
50
48
39
53
54
57
47
44
97
58
55
38
98
62
60
56
71
61
94
70
74
63
82
59
78
81
77
79
96
91
103
80
95
92
102
64
93
106
105
101
104
9本
65
66
67
68
69
72
73
75
76

巨木イチョウの地理的分布

総数173本

●（雄） 69本

◇（雌）104本

（下記7本を除く）

● 85 糸魚川市
● 89 金津町
◇ 104 松崎町
● 126 安芸津町
● 補 大豊町
● 154 宝珠山村
◇ 179 名護市

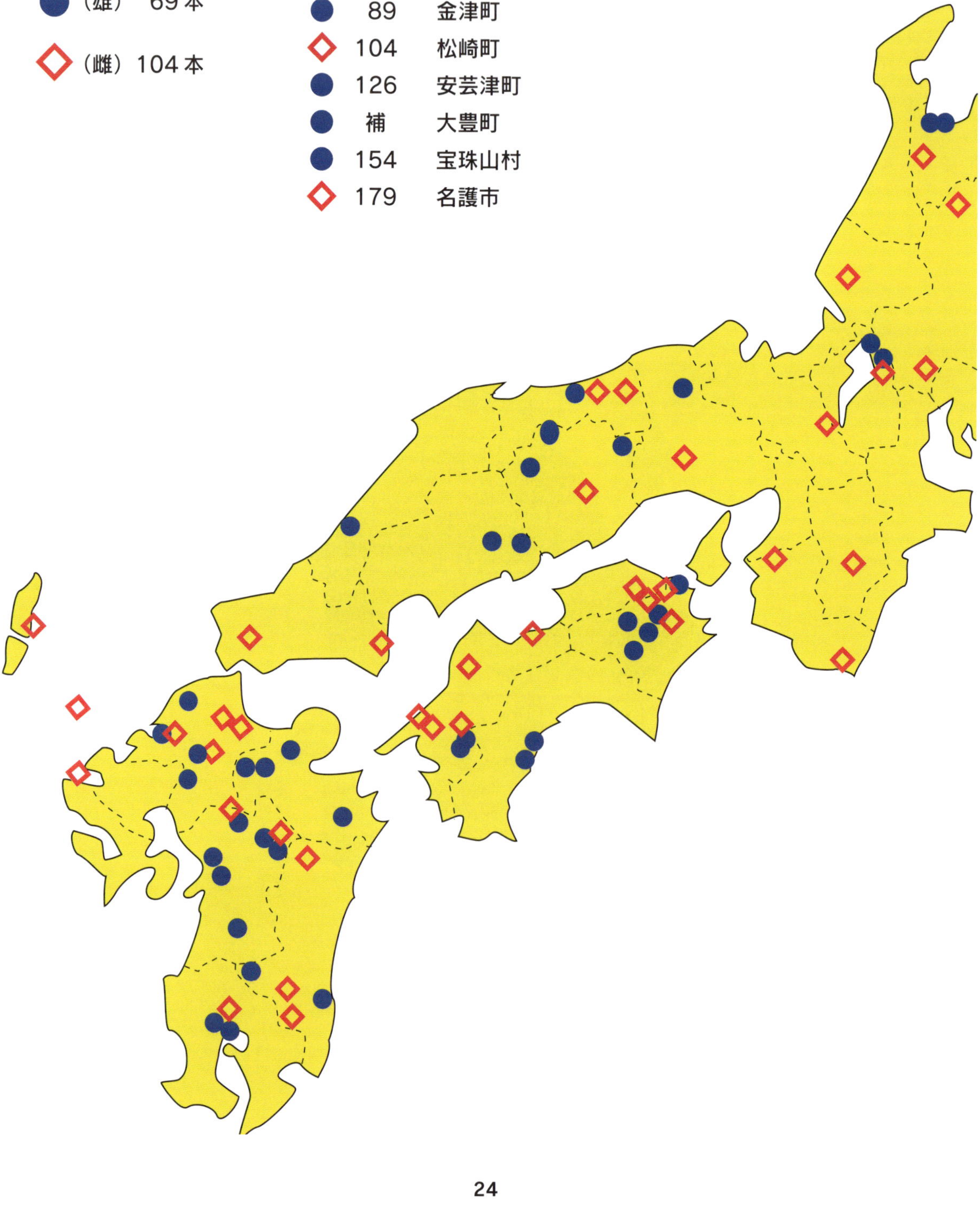

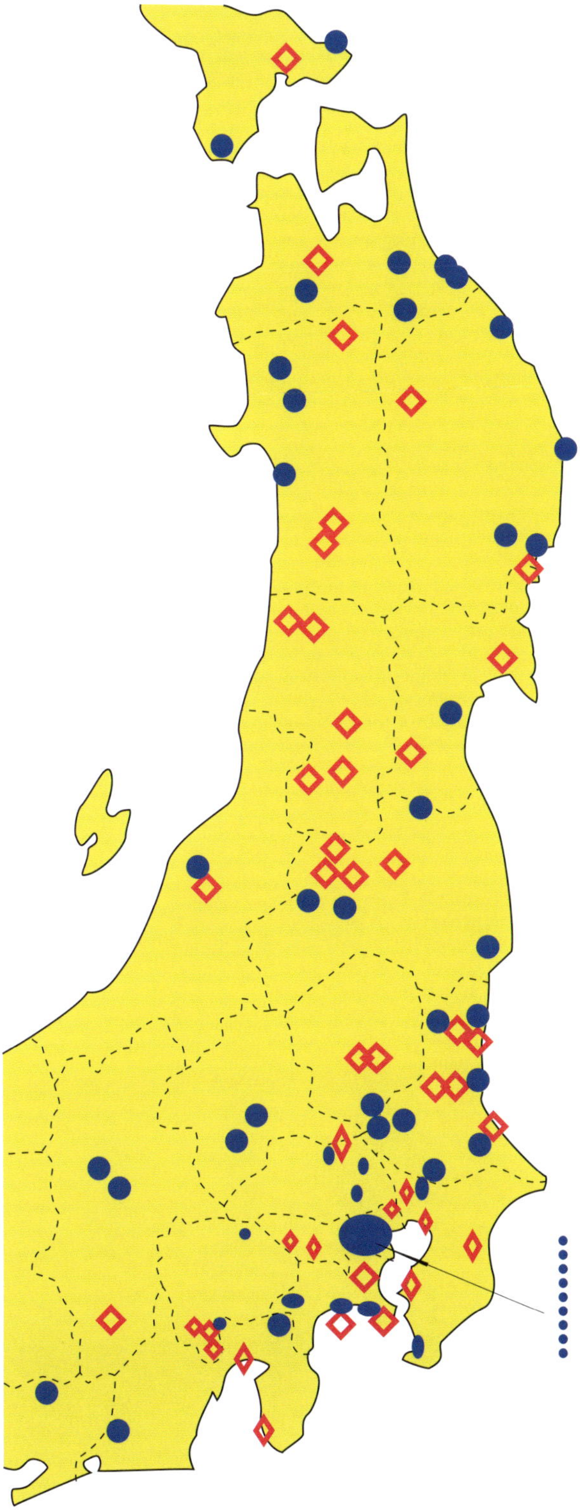

第１章
写　真　編

葉の繁茂する緑滴る夏像、黄葉の秋像、特に後者はイチョウの最も美しい姿を映す。しかし、樹木の真の姿は葉の落ちた晩秋から春でなければ見えない。

冬季には、その木が受けた過去の災害、障害の傷跡をむき出しにする。その姿は、恐ろしいまでの樹木のもつ無限の力をもわれわれに感じさせてくれる。そのため、本書では冬像を主体に構成した。本書出版の目的が、20 世紀の日本のイチョウの姿を記録として残し、後世に伝えることにあるためである。

木の姿、すなわち樹形、枝振り、根張り、乳の数、長さ、樹肌など、形の特徴を示すことを主眼としたので、ここに収録した写真像の中には、その木の特徴を見やすくするため(自分の撮影術の拙さの言い訳もあるが)、コンピューターによる画像処理を施したものもある。それによって、樹肌の色合い（これも重要な、木の個性の一つであるが）が現状とは少々違うこともあることを断っておく。夏（晩春、秋をふくむ)、冬（早春をふくむ）両相の姿を示すことに努めたが、何本かの木については間に合わなかったことは、いささか心残りである。

現住所・所在地：**北海道七飯町　本町上台団地入口**

北海道
01a/1

個体コード番号	3次メッシュコード	目通り幹周(cm)〔測定日〕	雌雄性	参照ページ
01-337-002	6240-65-75	676〔*2000.7.7*〕	♀	p. 188

撮影日(メディア)：①③ 2000.7.7(N)，② 2000.7.7(R)

現住所・所在地：**北海道松前町　松前家墓地内**

北海道

01b / 2

個体コード番号	3次メッシュコード	目通り幹周（cm）〔測定日〕	雌雄性	参照ページ
01-331-003	6240-10-18	600〔*2000.7.8*〕	♂	p. 188

撮影日（メディア）：①③④ 2000.7.8（N），② 2000.7.8（R）

現住所・所在地：**北海道南茅部町　覚王寺**

北海道

01c/3

個体コード番号	3次メッシュコード	目通り幹周(cm)〔測定日〕	雌雄性	参照ページ
01-342-001	6240-77-15	共通幹周610(313・310・262)〔*2000.7.7*〕	♂	p.189

1

2

3

4

撮影日(メディア)：① 2000.7.7(R)，②③④ 2000.7.7(N)

現住所・所在地：**青森県弘前市　弘前公園/弘前城址・西の郭**

個体コード番号	3次メッシュコード	目通り幹周（cm）〔測定日〕	雌雄性	参照ページ
02-202-036	6040-73-27	650〔*2000.5.1*〕	♂	p.189

撮影日（メディア）：① 2000.5.1(R)，②③ 2001.10.27(D)，④ 2000.5.1(N)

現住所・所在地：**青森県八戸市　神明宮**

個体コード番号	3次メッシュコード	目通り幹周(cm)〔測定日〕	雌雄性	参照ページ
02-203-007	6041-63-09	610〔*2000.4.29*〕	♂	p. 190

撮影日（メディア）：①③④ 2001.10.27(D)、② 2000.4.29(N)

現住所・所在地：**青森県黒石市　白山姫神社/袋観音**

青森県

02c / 6

個体コード番号	3次メッシュコード	目通り幹周（cm）〔測定日〕	雌雄性	参照ページ
02-204-006	6040-75-24	622〔*2000.11.6*〕	♀	p.190

撮影日（メディア）：① 2001.4.28(D)、② 2000.11.6(R)、③④ 1998.6.30(N)

現住所・所在地：**青森県十和田市　大池神社・右株**

個体コード番号	3次メッシュコード	目通り幹周(cm)〔測定日〕	雌雄性	参照ページ
02-206-017	6041-71-09	664〔*1999.5.29*〕	♂	p.191

撮影日(メディア)：①④ 2002.4.17(N)，②③ 1999.5.29(N)，⑤ 2002.4.17(D)

現住所・所在地：**青森県田子《タッコ》町　釜淵観音堂**

個体コード番号	3次メッシュコード	目通り幹周(cm)〔測定日〕	雌雄性	参照ページ
02-443-001	6041-31-92	662〔*2000.4.28*〕	♂	p. 191

撮影日（メディア）：①③④ 2000.4.28(N)，②⑤ 2001.10.27(D)

現住所・所在地：**青森県八戸市　根城址**

青森県

02f / 9

個体コード番号	3次メッシュコード	目通り幹周(cm)〔測定日〕	雌雄性	参照ページ
＊＊＊	＊＊＊	共通幹周1020(639・枯死・α)〔*2000.4.29*〕	♂	p.192

撮影日(メディア)：① 2000.4.29(R)，②③ 1998.6.21(N)，④ 2000.4.29(N)

現住所・所在地：**岩手県松尾村　高橋氏敷地内**

岩手県

03a / 10

個体コード番号	3次メッシュコード	目通り幹周(cm)〔測定日〕	雌雄性	参照ページ
03-306-003	5941-70-14	635〔*2000.4.28*〕	♀	p. 192

撮影日（メディア）：①④⑤ 2000.4.28(N)、②③ 1998.7.27(N)

現住所・所在地：**岩手県住田町　浄福寺・左側並木手前から4本目**

個体コード番号	3次メッシュコード	目通り幹周（cm）〔測定日〕	雌雄性	参照ページ
03-441-010	5841-54-75	600〔*2000.9.15*〕	♂	p.193

岩手県

03b / 11

撮影日（メディア）：① 2001.4.27(R)，② 2001.10.25(D)，③ 2002.4.16(D)，④ 2000.9.15(N)

現住所・所在地：岩手県久慈市　小田為綱生誕の地

個体コード番号	3次メッシュコード	目通り幹周(cm)〔測定日〕	雌雄性	参照ページ
03-207-003	6041-16-52	600〔*2001.4.28*〕	♂	p.193

撮影日（メディア）：① 2001.4.28(R)，② 2001.10.25(D)，③④ 2001.4.28(D)

現住所・所在地：**岩手県山田町　南陽(禅)寺墓地内**

個体コード番号	3次メッシュコード	目通り幹周(cm)〔測定日〕	雌雄性	参照ページ
03-482-008	5941-17-78	共通幹周695(432・263)〔*1999.10.9*〕	♂	p.194

撮影日(メディア)：①④ 2002.4.16(N)，②③ 1999.10.9(N)，⑤ 2002.4.16(D)

現住所・所在地：**岩手県大船渡市　長安寺門前・右株**

個体コード番号	3次メッシュコード	目通り幹周(cm)〔測定日〕	雌雄性	参照ページ
03-203-005	5841-55-25	600〔*2001.10.25*〕	♂	p. 194

撮影日(メディア)：①④ 2002.4.16(N)、②③ 2001.10.25(D)

現住所・所在地：**宮城県村田町　白鳥神社**

宮城県

04a / 15

個体コード番号	3次メッシュコード	目通り幹周(cm)〔測定日〕	雌雄性	参照ページ
04-322-003	5740-15-48	670〔*1999.4.10*〕	♂	p. 195

撮影日（メディア）：①③④ 1999.4.10(N)，②⑤ 2001.9.6(D)

現住所・所在地：**宮城県川崎町　常正寺跡観音堂**

個体コード番号	3次メッシュコード	目通り幹周(cm)〔測定日〕	雌雄性	参照ページ
04-324-003	5740-25-80	655〔*1999.3.30*〕	♀	p.195

撮影日（メディア）：①④ 1999.3.30(N)，②③ 1998.8.27(N)

現住所・所在地：**宮城県石巻市　吉祥寺**

個体コード番号	3次メッシュコード	目通り幹周(cm)〔測定日〕	雌雄性	参照ページ
04-202-004	5741-52-68	640〔*2001.4.7*〕	♀	p.196

❶

❷

❸

❹

撮影日（メディア）：①③ 2001.4.7(N)，②④ 1998.10.30(N)

現住所・所在地：**宮城県唐桑町　加茂神社**

宮城県

04d / 18

個体コード番号	3次メッシュコード	目通り幹周（cm）〔測定日〕	雌雄性	参照ページ
04-604-012	5841-35-50	630〔*2001.4.27*〕	♀	p.196

撮影日（メディア）：①⑤ 2001.4.27(R)，② 2001.10.25(R)，③ 2001.4.27(D)，④ 2001.4.27(N)

現住所・所在地：**秋田県阿仁町　笑内《オカシナイ》神社**

秋田県

05a / 19

個体コード番号	3次メッシュコード	目通り幹周(cm)〔測定日〕	雌雄性	参照ページ
05-324-005	5940-73-13	696〔*1999.5.28*〕	♂	p. 197

❶

❷

❸

❹

❺

撮影日(メディア)：① 2000.5.2(R)，②⑤ 1999.5.28(N)，③ 2002.4.18(N)，④ 2000.5.2(N)

現住所・所在地：**秋田県雄物川町　西光寺・奥株**

秋田県

05b / 20

個体コード番号	3次メッシュコード	目通り幹周（cm）〔測定日〕	雌雄性	参照ページ
05-443-024	5840-73-03	675〔*2000.5.20*〕	♀	p. 197

撮影日（メディア）：① 2001.4.28(N)，②④ 2000.5.20(N)，③ 2001.4.28(D)

現住所・所在地：**秋田県大森町　岸氏敷地内**

秋田県

05c / 21

個体コード番号	3次メッシュコード	目通り幹周(cm)〔測定日〕	雌雄性	参照ページ
05-444-001	5940-03-75	620〔*2000.5.20*〕	♀	p.198

撮影日(メディア)：① 2001.4.28(N)、②④ 2000.5.20(N)、③ 1998.10.24(N)

現住所・所在地：**秋田県本荘市　超光寺**

秋田県

05d / 22

個体コード番号	3次メッシュコード	目通り幹周（cm）〔測定日〕	雌雄性	参照ページ
05-205-008	5940-00-63	615〔*2000.11.4*〕	♂	p. 198

撮影日（メディア）：① 2001.4.29(D)，② 2000.11.4(R)，③④ 2000.11.4(N)

現住所・所在地：**秋田県大館市　地区共有地**

個体コード番号	3次メッシュコード	目通り幹周(cm)〔測定日〕	雌雄性	参照ページ
05-204-005	6040-34-58	600〔*2000.5.2*〕	♀	p.199

撮影日(メディア)：①③④⑤ 2000.5.2(N)，② 2001.10.25(N)

現住所・所在地：**秋田県二ッ井町　銀杏山神社・連理左株**

個体コード番号	3次メッシュコード	目通り幹周(cm)〔測定日〕	雌雄性	参照ページ
05-342-001	6040-21-39	600・α〔*2000.5.2*〕	♂	p.199

撮影日（メディア）：①⑤ 2000.5.2(N)，②③ 2001.10.25(D)，④ 1998.7.27(N)

現住所・所在地：**山形県藤島町　皇太神社**

山形県

06b / 25

個体コード番号	3次メッシュコード	目通り幹周(cm)〔測定日〕	雌雄性	参照ページ
06-423-007	5839-07-72	650〔*2000.11.3*〕	♀	p.200

❶

❷

❸

❹

❺

撮影日（メディア）：① 2000.11.3(D)，② 2000.11.3(R)，③ 2000.11.3(N)，④⑤ 2001.6.25(D)

現住所・所在地：**山形県長井市　遍照寺**

山形県

06c / 26

個体コード番号	3次メッシュコード	目通り幹周(cm)〔測定日〕	雌雄性	参照ページ
06-209-006	5740-10-33	640〔*2000.8.25*〕	♀	p.200

撮影日（メディア）：① 2001.4.15(R)，②③④ 1998.8.26(N)

現住所・所在地：**山形県小国町　飛泉寺跡**

山形県

06d / 27

個体コード番号	3次メッシュコード	目通り幹周（cm）〔測定日〕	雌雄性	参照ページ
06-401-043	5739-06-15	600〔*2000.8.25*〕	♀	p. 201

❶

❷

❸

❹

❺

撮影日（メディア）：① 2002.4.19(N)，② 2001.6.22(D)，③ 2000.8.25(R)，④⑤ 2000.8.25(N)

現住所・所在地：**山形県立川町　国有地**

妹沢のイチョウ

個体コード番号	3次メッシュコード	目通り幹周(cm)〔測定日〕	雌雄性	参照ページ
06-421-008	5840-00-10	未測定	♀	p. 201

撮影日（メディア）：①③ 2002.4.18(D)，② 2001.6.25(R)，④ 2002.4.18(N)

現住所・所在地：山形県天童市　押野氏敷地内

山形県

06a / 29

個体コード番号	3次メッシュコード	目通り幹周(cm)〔測定日〕	雌雄性	参照ページ
06-210-004	5740-42-49	共通幹周650～700(5α)〔*2000.8.26*〕	♀	p. 202

撮影日(メディア)：① 2001.4.15(D)，②④ 2000.8.25(N)，③ 2001.4.15(N)

現住所・所在地：**福島県猪苗代町　地蔵堂**

福島県

07a / 30

個体コード番号	3次メッシュコード	目通り幹周(cm)〔測定日〕	雌雄性	参照ページ
07-408-011	5640-21-21	680〔*2000.11.2*〕	♀	p. 202

❶

❷

❸

❹

❺

撮影日（メディア）：①② 2001.3.24(R)，③④⑤ 2000.11.2(N)

現住所・所在地：**福島県二本松市　足立氏敷地内**

個体コード番号	3次メッシュコード	目通り幹周（cm）〔測定日〕	雌雄性	参照ページ
07-210-005	5640-23-72	670〔*2000.6.3*〕	♀	p. 203

撮影日（メディア）：① 2001.3.24(R)，②③ 2000.6.3(R)，④ 2000.6.3(N)

現住所・所在地：**福島県梁川町　称名寺**

個体コード番号	3次メッシュコード	目通り幹周(cm)〔測定日〕	雌雄性	参照ページ
07-304-003	5640-64-28	666〔*2000.6.3*〕	♂	p. 203

撮影日(メディア)：① 2001.4.11(N)，②⑤⑥ 1998.8.13(N)，③ 2001.4.11(D)，④ 2000.6.3(N)

現住所・所在地：**福島県三島町　諏訪神社**

雪見のイチョウ

個体コード番号	3次メッシュコード	目通り幹周（cm）〔測定日〕	雌雄性	参照ページ
07-444-005	5639-15-73	640〔*2000.8.1*〕	♂	p. 204

福島県

07d / 33

撮影日（メディア）：①④ 2001.4.13(N)，② 2000.8.1(R)，③ 2000.8.1(N)，⑤ 2001.4.13(R)

現住所・所在地：**福島県会津本郷町　藤巻神社**

個体コード番号	3次メッシュコード	目通り幹周(cm)〔測定日〕	雌雄性	参照ページ
07-442-002	5639-17-10	630〔*2001.3.24*〕	♂	p. 204

撮影日(メディア)：①③④⑤ 2001.3.24(R)，② 2001.6.22(D)

現住所・所在地：**福島県塩川町　金川戸隠神社**

福島県

07g / 35

個体コード番号	3次メッシュコード	目通り幹周（cm）〔測定日〕	雌雄性	参照ページ
07-403-001	5639-37-02	590〔*2000.11.2*〕	♀	p.205

❶

❷

❸

❹

❺

撮影日（メディア）：① 2001.3.24(R)、② 1998.7.11(N)、③⑤ 2001.3.24(N)、④ 2000.11.2(N)

現住所・所在地：**福島県北塩原村　大正寺**

福島県

07h / 36

個体コード番号	3次メッシュコード	目通り幹周（cm）〔測定日〕	雌雄性	参照ページ
07-402-002	5639-37-84	582・97・88〔*2001.3.24*〕	♀	p. 205

❶

❷

❸

❹

❺

撮影日（メディア）：①③ 2001.3.24(N)，② 2001.6.22(D)，④⑤ 2001.3.24(R)

現住所・所在地：**福島県いわき市　願成寺**

福島県

07f / 37

個体コード番号	3次メッシュコード	目通り幹周(cm)〔測定日〕	雌雄性	参照ページ
＊＊＊	＊＊＊	615〔*2001.10.8*〕	♂	p. 206

撮影日(メディア)：① 2002.2.9(R)，② 2001.10.8(N)，③④ 2002.2.9(D)

現住所・所在地：**茨城県取手市　東漸寺**

めかくしイチョウ

茨城県

08a / 38

個体コード番号	3次メッシュコード	目通り幹周（cm）〔測定日〕	雌雄性	参照ページ
08-217-005	5340-60-95	674〔*1999.1.2*〕	♂	p.206

撮影日（メディア）：① 1999.1.2(N)，② 2001.5.19(D)，③④ 1998.8.14(N)

現住所・所在地：**茨城県大洋村　照明院/阿弥陀堂**
お葉つき公孫樹

個体コード番号	3次メッシュコード	目通り幹周(cm)〔測定日〕	雌雄性	参照ページ
08-403-001	5440-04-85	670〔*2000.1.15*〕	♀	p.207

撮影日(メディア)：① 2000.1.15(R)，② 1992頃(R)，③ 2000.1.15(N)，④ 2000.10.7(N)

現住所・所在地：**茨城県水戸市＊　六地蔵寺**
［＊旧 常澄村；1992.3 水戸市と合併］

個体コード番号	3次メッシュコード	目通り幹周（cm）〔測定日〕	雌雄性	参照ページ
08-301-018	5440-44-11	660〔*1999.5.15*〕	♀	p. 207

茨城県
08d / 40

❶

❷

❸

❹

撮影日（メディア）：①③ 2000.1.15(N)，②④ 1999.5.15(N)

現住所・所在地：**茨城県水戸市　白幡山八幡宮**

お葉つきイチョウ

茨城県

08e / 41

個体コード番号	3次メッシュコード	目通り幹周(cm)〔測定日〕	雌雄性	参照ページ
08-201-074	5440-43-67	660〔*2000.12.23*〕	♀	p. 208

撮影日(メディア)：①③④ 2000.12.23(N)、② 2001.5.13(D)

現住所・所在地：**茨城県東海村　願船寺**

個体コード番号	3次メッシュコード	目通り幹周(cm)〔測定日〕	雌雄性	参照ページ
08-341-004	5440-54-76	653〔*2000.1.15*〕	♀	p.208

❶

❷

❸

❹

撮影日（メディア）：① 2000.1.15(N)，②③ 1999.8.9(R)，④ 1998.8.9(N)

現住所・所在地：**茨城県ひたちなか市＊　住谷氏敷地内**
［＊旧 勝田市；1994.11 那珂湊市と合併，新設］

個体コード番号	3次メッシュコード	目通り幹周（cm）〔測定日〕	雌雄性	参照ページ
08-213-005	5440-44-95	644〔*1999.8.22*〕	♂	p.209

茨城県
08h / 43

1

2

3

4

撮影日（メディア）：①③ 2000.1.15(N)，②④ 1999.8.22(N)

現住所・所在地：**茨城県古河市　八幡神社**

茨城県

08i / 44

個体コード番号	3次メッシュコード	目通り幹周(cm)〔測定日〕	雌雄性	参照ページ
08-204-001	5439-25-26	643〔*1998.8.10*〕	♂	p.209

撮影日（メディア）：①③ 1999.1.31(N)、②④⑤ 1998.8.18(N)

現住所・所在地：**茨城県常陸太田市　源栄《モトサカ》氏敷地内**

茨城県

08k / 45

個体コード番号	3次メッシュコード	目通り幹周(cm)〔測定日〕	雌雄性	参照ページ
08-212-019	5440-64-72	614〔*2000.12.23*〕	♀	p.210

撮影日（メディア）：① 2000.12.23(N)，② 1999.9.25(R)，③ 1998.8.9(N)，④ 1999.1.16(N)

現住所・所在地：**茨城県山方《ヤマガタ》町　密蔵院**

茨城県

08m / 46

個体コード番号	3次メッシュコード	目通り幹周（cm）〔測定日〕	雌雄性	参照ページ
08-345-004	5440-73-51	600〔*2001.2.17*〕	♂	p.210

撮影日（メディア）：①⑤ 2001.2.17(N)，②④ 2002.7.31(D)，③ 1999.8.9(R)

現住所・所在地：**茨城県玉造町　西蓮寺・1号株**

茨城県

08b / 47

個体コード番号	3次メッシュコード	目通り幹周(cm)〔測定日〕	雌雄性	参照ページ
08-425-034	5440-03-85	673〔*1998.8.8*〕	♂	p. 211

撮影日(メディア)：① 1998.12.23(N)，② 2001.6.15(D)，③④⑤ 2000.10.17(N)

現住所・所在地：**茨城県八千代町　八町観音新長谷寺**

茨城県

08g / 48

個体コード番号	3次メッシュコード	目通り幹周(cm)〔測定日〕	雌雄性	参照ページ
08-521-005	5439-27-32	650〔*2000.1.10*〕	♂	p.211

撮影日(メディア)：①④ 2000.1.10(N)、②③ 2001.11.24(D)

現住所・所在地：**茨城県日立市　鹿島神社**
駒つなぎのイチョウ

個体コード番号	3次メッシュコード	目通り幹周(cm)〔測定日〕	雌雄性	参照ページ
08-202-002	5440-65-60	625〔*2000.5.28*〕	♂	p.212

❶

❷

❸

❹

❺

撮影日(メディア)：①③④⑤ 2001.1.14(N)，② 2000.5.28(N)

現住所・所在地：**栃木県小山市　城山公園**

栃木県

09a / 50

個体コード番号	3次メッシュコード	目通り幹周(cm)〔測定日〕	雌雄性	参照ページ
09-208-015	5439-36-84	685〔*2000.7.30*〕	♂	p. 212

❶

❷

❸

❹

撮影日(メディア)：① 2001.1.7(R)、②④ 2001.1.7(N)、③ 1998.8.18(N)

現住所・所在地：**栃木県宇都宮市　宇都宮城址**					栃木県 09b / 51
個体コード番号	3次メッシュコード	目通り幹周（cm）〔測定日〕	雌雄性	参照ページ	
09-201-055	5439-67-60	640〔*2000.8.9*〕	♀	p. 213	

撮影日（メディア）：①③ 2001.1.7(R)、②④⑤ 1998.8.17(N)

現住所・所在地：**栃木県宇都宮市　成願寺**

個体コード番号	3次メッシュコード	目通り幹周(cm)〔測定日〕	雌雄性	参照ページ
09-201-078	5439-57-94	630〔*2001.1.7*〕	♀	p.213

❶

❷

❸

❹

撮影日(メディア)：① 2001.1.7(R)，② 1998.8.17(N)，③④ 2001.1.7(N)

現住所・所在地：**群馬県前橋市　八幡宮**

群馬県
10b / 53

個体コード番号	3次メッシュコード	目通り幹周（cm）〔測定日〕	雌雄性	参照ページ
10-201-010	5439-40-65	650〔*2000.6.18*〕	♂	p. 214

❶

❷

❸

❹

撮影日（メディア）：①③④ 2001.1.26(N)，② 1998.7.5(N)

現住所・所在地：**群馬県富岡市　長学寺**

虎銀杏

群馬県

10a / 54

個体コード番号	3次メッシュコード	目通り幹周(cm)〔測定日〕	雌雄性	参照ページ
10-210-003	5438-37-42	680〔*2000.7.16*〕	♂	p. 214

❶

❷

❸

❹

❺

❻

❼

撮影日（メディア）：①⑦ 2000.3.19(N)，②③ 2000.3.19(R)，④⑥ 2000.7.2(R)，⑤ 2000.7.2(N)

現住所・所在地：**埼玉県久喜市　清福寺**

埼玉県

11a / 55

個体コード番号	3次メッシュコード	目通り幹周(cm)〔測定日〕	雌雄性	参照ページ
11-232-005	5439-05-82	685〔*2000.3.4*〕	♂	p.215

撮影日(メディア)：① 2000.3.4(N)，② 1998.9.16(N)

現住所・所在地：**埼玉県さいたま市南区*　真福寺**
［＊旧 浦和市；2001.5 大宮市，与野市と合併，新設］

個体コード番号	3次メッシュコード	目通り幹周（cm）〔測定日〕	雌雄性	参照ページ
11-204-022	5339-65-12	627〔*2000.2.26*〕	♂	p.215

撮影日（メディア）：①③④ 2000.2.26(N)，②⑤ 2001.6.9(D)

現住所・所在地：**埼玉県大利根町　香取神社**

個体コード番号	3次メッシュコード	目通り幹周(cm)〔測定日〕	雌雄性	参照ページ
11-425-004	5439-15-41	共通幹周600(470・180)〔*2000.3.4*〕	♀	p.216

撮影日(メディア)：①③ 2000.3.4(N)，② 1998.9.6(R)

現住所・所在地：**埼玉県騎西町　玉敷神社・本殿左横**

埼玉県

11d / 58

個体コード番号	3次メッシュコード	目通り幹周(cm)〔測定日〕	雌雄性	参照ページ
11-421-001	5439-14-25	共通幹周670(3α)〔*2002.1.14*〕	♂	p.216

撮影日(メディア)：①③④ 2002.1.14(D)，② 2002.6.28(D)

現住所・所在地：**千葉県木更津市　善雄寺/茅野地区集会所横**

千葉県

12b / 59

個体コード番号	3次メッシュコード	目通り幹周(cm)〔測定日〕	雌雄性	参照ページ
12-206-002	5340-00-35	645〔*1998.12.19*〕	♀	p.217

撮影日（メディア）：①③ 1998.12.19(N)，②④ 2001.6.2(D)

現住所・所在地：**千葉県我孫子市　香取神社**

個体コード番号	3次メッシュコード	目通り幹周(cm)〔測定日〕	雌雄性	参照ページ
12-222-002	5340-60-32	615〔*2000.2.27*〕	♂	p. 217

撮影日（メディア）：①③④⑤ 2000.2.27(N)、② 1998.9.12(N)

現住所・所在地：**千葉県市川市　押切稲荷神社**

個体コード番号	3次メッシュコード	目通り幹周(cm)〔測定日〕	雌雄性	参照ページ
12-203-006	5339-47-13	610〔*1998.12.19*〕	♀	p. 218

撮影日（メディア）：①③ 1998.12.19(N)，②⑤ 2001.8.1(D)，④ 2001.8.1(N)

現住所・所在地：**千葉県柏市　法林寺**

千葉県

12f / 62

個体コード番号	3次メッシュコード	目通り幹周(cm)〔測定日〕	雌雄性	参照ページ
12-217-006	5339-67-18	592〔*2000.2.26*〕	♀	p.218

撮影日(メディア)：① 2000.2.27(R)，② 2001.5.19(R)，③ 2000.2.27(N)

現住所・所在地：**千葉県九十九里町　西明寺跡**

個体コード番号	3次メッシュコード	目通り幹周(cm)〔測定日〕	雌雄性	参照ページ
12-403-004	5340-23-05	595〔*1998.12.29*〕	♀	p.219

撮影日（メディア）：① 1998.12.29(N)，②③ 1999.10.23(N)，④⑤ 2001.2.14(N)

現住所・所在地：**千葉県館山市　大神宮安房神社**

千葉県

12a / 64

個体コード番号	3次メッシュコード	目通り幹周(cm)〔測定日〕	雌雄性	参照ページ
12-205-030	5239-36-07	共通幹周652(3α)〔*1999.8.12*〕	♂	p.219

撮影日(メディア)：①③ 2001.12.23(R)，② 2001.6.2(D)，④ 2001.6.2(N)

現住所・所在地：**東京都千代田区　日比谷公園・松本楼横**
首かけイチョウ

個体コード番号	3次メッシュコード	目通り幹周(cm)〔測定日〕	雌雄性	参照ページ
13-101-012	5339-46-00	696〔*1999.8.7*〕	♂	p. 220

撮影日（メディア）：① 2000.12.26(N)，②③ 1999.8.7(N)

現住所・所在地：**東京都世田谷区　森厳寺**

個体コード番号	3次メッシュコード	目通り幹周（cm）〔測定日〕	雌雄性	参照ページ
13-112-037	5339-46-00	未測定	♂	p. 220

撮影日（メディア）：① 2001.4.16（N），②③ 1999.8.7（N），④ 2001.4.16（D）

現住所・所在地：**東京都豊島区　法明寺鬼子母神**

東京都
13d / 67

個体コード番号	3次メッシュコード	目通り幹周（cm）〔測定日〕	雌雄性	参照ページ
13-116-010	5339-45-67	672〔*2001.1.13*〕	♂	p. 221

❶

❷

❸

❹

撮影日（メディア）：① 2001.1.13(R)，②③④ 1999.10.16(N)

現住所・所在地：**東京都港区　芝東照宮**

個体コード番号	3次メッシュコード	目通り幹周（cm）〔測定日〕	雌雄性	参照ページ
		670〔*2001.1.6*〕	♂	p. 221

❶

❷

❸

❹

撮影日（メディア）：①④ 2001.1.6(N)，② 2001.5.20(D)，③ 1999.5.8(N)

現住所・所在地：**東京都千代田区　武道館前**

東京都
13i / 69

個体コード番号	3次メッシュコード	目通り幹周（cm）〔測定日〕	雌雄性	参照ページ
13-101-003	5339-46-20	618〔*1998.11.19*〕	♂	p. 222

撮影日（メディア）：①④ 2000.3.5(N)，② 1999.4.1(N)，③ 1998.11.19(N)

現住所・所在地：**東京都昭島市　熊野神社**

東京都

13j / 70

個体コード番号	3次メッシュコード	目通り幹周(cm)〔測定日〕	雌雄性	参照ページ
13-207-004	5339-42-39	615〔*2000.2.19*〕	♀	p. 222

❶

❷

❸

❹

❺

撮影日(メディア)：①④ 2000.2.19(R)，② 2001.7.28(D)，③ 2001.7.28(N)，⑤ 2000.2.19(N)

現住所・所在地：**東京都葛飾区　福島氏敷地内**

東京都

13k / 71

個体コード番号	3次メッシュコード	目通り幹周(cm)〔測定日〕	雌雄性	参照ページ
13-122-022	5339-46-59	594〔*2000.9.9*〕	♀	p. 223

撮影日（メディア）：① 2001.3.20(D)，②④⑤ 2000.9.9(R)，③ 2001.3.20(R)

現住所・所在地：**東京都千代田区　日枝神社**

東京都

13n / 72

個体コード番号	3次メッシュコード	目通り幹周（cm）〔測定日〕	雌雄性	参照ページ
13-101-011	5339-45-09	未測定	♂	p. 223

撮影日（メディア）：①③ 1999.1.9(N)，② 2001.7.7(D)

現住所・所在地：**東京都台東区　浅草寺観音堂交番前**

東京都

13h / 73

個体コード番号	3次メッシュコード	目通り幹周(cm)〔測定日〕	雌雄性	参照ページ
		620〔*1999.10.17*〕	未確認	p. 224

❶

❷

❸

❹

❺

撮影日（メディア）：①③ 1999.2.13(N)，② 2002.4.5(D)，④⑤ 1999.10.16(N)

現住所・所在地：**東京都八王子市　大蔵院**

個体コード番号	3次メッシュコード	目通り幹周(cm)〔測定日〕	雌雄性	参照ページ
13-201-010	5339-42-28	630〔*2000.2.19*〕	♀	p.224

撮影日(メディア)：①⑤ 2000.2.19(N)，②④ 2001.7.28(N)，③ 2000.2.19(R)

現住所・所在地：**東京都港区　氷川神社**

東京都
13f / 75

個体コード番号	3次メッシュコード	目通り幹周（cm）〔測定日〕	雌雄性	参照ページ
13-103-053	5339-35-98	650〔*2001.1.13*〕	♂	p. 225

1

2

3

4

撮影日（メディア）：① 2001.1.13(R)，② 2001.7.29(D)，③④ 2001.7.29(N)

現住所・所在地：**東京都大田区　個人敷地内**

個体コード番号	3次メッシュコード	目通り幹周（cm）〔測定日〕	雌雄性	参照ページ
＊＊＊	＊＊＊	600～700〔*1999.8.7*〕	♂	p. 225

東京都

13c / 76

撮影日（メディア）：① 2001.4.16(D)，②④⑤ 1998.8.7(N)，③ 2001.4.16(N)

現住所・所在地：**神奈川県鎌倉市　鶴岡八幡宮**

個体コード番号	3次メッシュコード	目通り幹周(cm)〔測定日〕	雌雄性	参照ページ
14-204-022	5239-74-84	未測定	♂	p. 226

撮影日（メディア）：① 2001.2.2(R)，② 2000.10.8(R)，③ 2000.10.8(N)，④ 2001.2.2(N)

現住所・所在地：**神奈川県松田町　寄《ヤドリギ》神社**

個体コード番号	3次メッシュコード	目通り幹周(cm)〔測定日〕	雌雄性	参照ページ
14-363-004	5339-01-71	660〔*2000.2.12*〕	♂	p. 226

❶

❷

❸

❹

撮影日（メディア）：① 2000.2.12(R)，②③ 2001.8.3(D)，④ 2000.2.12(N)

現住所・所在地：**神奈川県逗子市　五霊神社**

個体コード番号	3次メッシュコード	目通り幹周(cm)〔測定日〕	雌雄性	参照ページ
14-208-001	5239-74-58	646〔*2000.1.29*〕	♀	p. 227

撮影日(メディア)：①② 2000.1.29(N)、③④ 2001.7.30(D)

現住所・所在地：**神奈川県平塚市　慈眼寺**

個体コード番号	3次メッシュコード	目通り幹周(cm)〔測定日〕	雌雄性	参照ページ
＊＊＊	＊＊＊	607〔*2000.10.8*〕	♀	p. 227

神奈川県

14d / 80

撮影日（メディア）：①③ 2001.2.2(N)，② 2000.10.8(N)，④⑤ 2000.10.8(R)

現住所・所在地：**神奈川県平塚市　寄木神社・手前株**

神奈川県

14e / 81

個体コード番号	3次メッシュコード	目通り幹周(cm)〔測定日〕	雌雄性	参照ページ
14-203-002	5339-02-06	600〔*2000.2.11*〕	未確認	p. 228

撮影日（メディア）：①③④ 2000.2.11(N)，② 2002.8.20(D)

現住所・所在地：神奈川県横浜市都筑区　長王寺

個体コード番号	3次メッシュコード	目通り幹周(cm)〔測定日〕	雌雄性	参照ページ
14-100-003	5339-24-25	594〔*2000.12.9*〕	♀	p. 228

撮影日(メディア)：①④ 2002.1.20(N)，②③ 2000.12.9(N)

現住所・所在地：**新潟県安田町　観音寺**

新潟県

15a / 83

個体コード番号	3次メッシュコード	目通り幹周（cm）〔測定日〕	雌雄性	参照ページ
15-301-003	5639-42-91	600〔*1999.11.23*〕	♂	p. 229

撮影日（メディア）：① 2001.4.14(D)，② 1998.10.16(N)，③ 1998.10.16(R)

現住所・所在地：**新潟県村松町　熊野堂禅定院**
権現の公孫樹

新潟県
15b / 84

個体コード番号	3次メッシュコード	目通り幹周(cm)〔測定日〕	雌雄性	参照ページ
＊＊＊	＊＊＊	600〔*1999.6.5*〕	♀	p. 229

❶

❷

❸

撮影日（メディア）：① 2001.4.14(N)，②③ 1999.6.5(N)

現住所・所在地：**新潟県糸魚川市　金蔵院**

個体コード番号	3次メッシュコード	目通り幹周（cm）〔測定日〕	雌雄性	参照ページ
15-216-055	5537-37-22	572〔*1999.7.4*〕	♂	p.230

❶

❷

❸

❹

撮影日（メディア）：①②③④ 1999.7.4(N)

現住所・所在地：**富山県福岡町　鐘泉寺**

富山県
16a / 86

個体コード番号	3次メッシュコード	目通り幹周(cm)〔測定日〕	雌雄性	参照ページ
16-422-005	5536-07-33	650〔*1999.7.4*〕	♀	p.230

❶

❷

❸

❹

撮影日(メディア)：①④ 2002.3.18(D)，② 2001.4.30(R)，③ 2002.3.18(R)

現住所・所在地：**富山県高岡市　勝興寺・右株**
実のらずのイチョウ

個体コード番号	3次メッシュコード	目通り幹周(cm)〔測定日〕	雌雄性	参照ページ
16-202-001	5537-10-44	622〔*2001.4.30*〕	♂	p. 231

1

2

3

撮影日（メディア）：① 2002.3.18(D)，② 2001.4.30(R)，③ 2001.4.30(N)

現住所・所在地：**富山県高岡市　勝興寺・左株**
実のらずのイチョウ

個体コード番号	3次メッシュコード	目通り幹周(cm)〔測定日〕	雌雄性	参照ページ
16-202-001	5537-10-44	610〔*2001.4.30*〕	♂	p. 231

❶

❷

❸

撮影日（メディア）：①③ 2002.3.18(D)，② 2001.4.30(R)

現住所・所在地：**福井県金津町　大鳥神社・1号株**

個体コード番号	3次メッシュコード	目通り幹周(cm)〔測定日〕	雌雄性	参照ページ
18-363-004	5436-21-58	490・(320枯死)〔*2000.7.17*〕	♂	p.232

撮影日(メディア)：① 2002.3.19(N)，②④ 2000.7.17(N)，③ 2002.3.19(D)

現住所・所在地：**福井県今立町　明光寺**

福井県

18b / 90

個体コード番号	3次メッシュコード	目通り幹周（cm）〔測定日〕	雌雄性	参照ページ
18-381-005	5336-72-10	584〔*2002.3.19*〕	♀	p. 232

撮影日（メディア）：① 2002.3.19(D)、② 2002.3.19(N)、③ 2002.3.19(R)

現住所・所在地：**山梨県身延町　上沢寺**

毒消公孫樹、お葉つきイチョウ

個体コード番号	3次メッシュコード	目通り幹周（cm）〔測定日〕	雌雄性	参照ページ
19-365-021	5338-03-95	未測定	♀	p.233

山梨県

19a / 91

撮影日（メディア）：①③ 2001.3.3(R)、② 2000.12.2(R)

現住所・所在地：**山梨県南部町　内船八幡神社**

個体コード番号	3次メッシュコード	目通り幹周（cm）〔測定日〕	雌雄性	参照ページ
19-366-003	5238-73-37	675〔*2000.12.2*〕	♂	p. 233

撮影日（メディア）：① 2001.3.3(N)，②③ 2000.12.2(N)，④ 2001.3.3(R)

現住所・所在地：**山梨県南部町＊　池大神**

［＊旧 富沢町；2003.3 南部町と合併，新設］

山梨県

19e / 93

個体コード番号	3次メッシュコード	目通り幹周(cm)〔測定日〕	雌雄性	参照ページ
19-367-004	5238-63-58	624〔*1999.5.2*〕	♀	p.234

撮影日（メディア）：①③ 2001.3.3(N)，② 1999.5.22(N)，④ 2001.3.3(R)

現住所・所在地：**山梨県大月市　自徳寺墓地内**

個体コード番号	3次メッシュコード	目通り幹周(cm)〔測定日〕	雌雄性	参照ページ
19-206-006	5338-37-01	640〔*2000.9.27*〕	♂	p. 234

撮影日（メディア）：① 2001.3.3(R)，② 2000.9.27(R)，③ 1999.6.12(N)

現住所・所在地：**山梨県身延町　本行坊**

個体コード番号	3次メッシュコード	目通り幹周(cm)〔測定日〕	雌雄性	参照ページ
19-365-009	5338-03-54	655〔*2000.12.2*〕	♀	p.235

撮影日(メディア)：①③ 2000.12.2(N)，② 2001.3.3(D)，④ 2000.12.2(R)

現住所・所在地：**長野県飯田市　今村氏敷地内**

正永寺原のイチョウ

個体コード番号	3次メッシュコード	目通り幹周（cm）〔測定日〕	雌雄性	参照ページ
20-205-005	5337-26-24	628〔*1999.5.1*〕	♀+♂	p. 235

❶

❷

❸

❹

撮影日（メディア）：①② 1999.5.1(N)，③④ 1998.8.2(N)

現住所・所在地：**長野県豊科町　荒井農家組合作業所横**

長野県

20c / 97

個体コード番号	3次メッシュコード	目通り幹周(cm)〔測定日〕	雌雄性	参照ページ
20-461-002	5437-37-43	600〔*2001.5.2*〕	♂	p. 236

撮影日(メディア)：① 2001.5.2(N)、② 2001.5.2(D)、③ 1998.8.2(N)

現住所・所在地：**長野県松本市　千手観音堂付近**

個体コード番号	3次メッシュコード	目通り幹周(cm)〔測定日〕	雌雄性	参照ページ
20-202-002	5438-20-54	610・93・(615枯死)〔*2000.7.16*〕	♂	p. 236

撮影日(メディア)：① 2002.3.17(D)，② 2000.7.16(R)，③ 1998.8.2(N)，④ 2002.3.17(N)

現住所・所在地：**岐阜県安八町　中須八幡宮**

岐阜県

21a / 99

個体コード番号	3次メッシュコード	目通り幹周(cm)〔測定日〕	雌雄性	参照ページ
21-383-001	5336-05-02	650〔*2000.10.22*〕	♀	p. 237

❶

❸

❷

❹

撮影日（メディア）：①③ 2002.2.28(D)，②④ 2000.10.23(N)

現住所・所在地：**岐阜県宮川村　白山神社**

個体コード番号	3次メッシュコード	目通り幹周(cm)〔測定日〕	雌雄性	参照ページ
21-624-009	5437-31-91	共通幹周630(480・218・α)〔*2001.5.1*〕	♀	p. 237

❸

❶

2

撮影日(メディア)：①③ 2001.5.1(D), ② 2001.5.1(R)

現住所・所在地：**静岡県松崎町　諸石神社**

静岡県

22a / 101

個体コード番号	3次メッシュコード	目通り幹周（cm）〔測定日〕	雌雄性	参照ページ
22-305-013	5238-06-81	696〔*1999.9.4*〕	♀	p.238

❶

❷

❸

❹

❺

撮影日（メディア）：①④ 2001.12.27(D)，② 1999.9.14(R)，③⑤ 1999.9.14(N)

現住所・所在地：**静岡県富士市　十王子神社**

個体コード番号	3次メッシュコード	目通り幹周(cm)〔測定日〕	雌雄性	参照ページ
22-210-022	5238-55-95	593〔*1998.11.22*〕	♀	p.238

❶

❷

❸

撮影日（メディア）：① 2002.1.12(N)，②③ 1998.11.12(N)

現住所・所在地：**静岡県小山町　大胡田天神社**

静岡県

22e / 103

個体コード番号	3次メッシュコード	目通り幹周（cm）〔測定日〕	雌雄性	参照ページ
22-344-011	5338-07-07	未測定	♂	p. 239

❶

❷

❸

❹

❺

撮影日（メディア）：①⑤ 2002.1.12(N)、②③④ 2001.8.3(D)

現住所・所在地：**静岡県松崎町　伊那下神社**

メガネイチョウ

静岡県

22b / 104

個体コード番号	3次メッシュコード	目通り幹周(cm)〔測定日〕	雌雄性	参照ページ
22-305-012	5238-06-92	440+230〔*1999.9.4*〕	♀	p.239

撮影日（メディア）：①② 2001.12.27(D)，③④ 1999.9.14(N)

静岡県

22f / 105

現住所・所在地：**静岡県引佐《イナサ》町　六所神社跡**

個体コード番号	3次メッシュコード	目通り幹周(cm)〔測定日〕	雌雄性	参照ページ
22-522-001	5237-35-05	580〔*2000.10.1*〕	♂	p. 240

撮影日(メディア)：①② 2000.10.1(R)、③ 2000.10.1(N)

現住所・所在地：**愛知県旭町　神明社**

個体コード番号	3次メッシュコード	目通り幹周(cm)〔測定日〕	雌雄性	参照ページ
23-544-003	5237-63-80	692〔*2000.9.27*〕	♂	p.240

❶

❷

❸

❹

撮影日(メディア)：①③ 2002.3.20(D)，② 2000.9.27(R)，④ 2000.9.27(N)

現住所・所在地：**滋賀県山東町　長岡神社**

滋賀県

25a / 107

個体コード番号	3次メッシュコード	目通り幹周(cm)〔測定日〕	雌雄性	参照ページ
25-461-019	5336-02-29	692〔*1999.9.23*〕	♀	p.241

❶

❷

❸

❹

撮影日（メディア）：① 2001.3.12(R)，②③④ 1999.9.23(N)

現住所・所在地：**滋賀県高月町　天川命神社**

個体コード番号	3次メッシュコード	目通り幹周(cm)〔測定日〕	雌雄性	参照ページ
25-501-004	5336-11-89	596〔*1999.9.23*〕	♂	p.241

1

2

3

4

5

撮影日（メディア）：①③ 2001.3.14(R)，②④⑤ 1999.9.23(N)

現住所・所在地：**滋賀県伊吹町　諏訪神社**

乳銀杏

個体コード番号	3次メッシュコード	目通り幹周(cm)〔測定日〕	雌雄性	参照ページ
25-462-022	5336-12-19	584・164・160〔*1999.9.23*〕	♂	p.242

❶

❷

❸

❹

撮影日(メディア)：①④ 2001.3.12(R)，②③ 1999.9.23(N)

現住所・所在地：**京都府京都市下京区　西本願寺御影堂前**
水吹きイチョウ

京都府
26a / 110

個体コード番号	3次メッシュコード	目通り幹周（cm）〔測定日〕	雌雄性	参照ページ
		未測定	♀	p. 242

❶

❸

❷

撮影日（メディア）：① 2001.2.11(R)，② 1992.8.24(N)，③ 2000.3.9(N)

現住所・所在地：**兵庫県夢前町　置塩城址・櫃蔵《ヒツクラ》神社**

兵庫県

28a / 111

個体コード番号	3次メッシュコード	目通り幹周(cm)〔測定日〕	雌雄性	参照ページ
28-422-011	5234-35-04	675〔*2000.7.21*〕	♀	p. 243

撮影日(メディア)：① 2002.3.1(D)，②③ 2000.7.22(R)，④ 2000.7.22(N)

現住所・所在地：**兵庫県和田山町　乳ノ木庵**

個体コード番号	3次メッシュコード	目通り幹周(cm)〔測定日〕	雌雄性	参照ページ
28-622-014	5234-76-65	617〔*2000.7.18*〕	♂	p. 243

撮影日(メディア)：①③ 2002.3.1(N)，② 2000.7.18(N)

現住所・所在地：**奈良県天川《テンカワ》村　来迎院**

奈良県

29a / 113

個体コード番号	3次メッシュコード	目通り幹周(cm)〔測定日〕	雌雄性	参照ページ
29-446-005	5135-26-67	690〔*2000.10.2*〕	♀	p.244

撮影日(メディア)：①④ 2001.3.8(R)，② 2000.10.2(R)，③ 2000.10.2(N)

現住所・所在地：**和歌山県古座川町　光泉寺**

子授けイチョウ

和歌山県

30a / 114

個体コード番号	3次メッシュコード	目通り幹周(cm)〔測定日〕	雌雄性	参照ページ
30-424-018	5035-25-54	625〔*2000.10.21*〕	♀	p. 244

撮影日（メディア）：①③ 2002.3.21(R)，② 2000.10.22(N)，④ 2000.10.22(R)

現住所・所在地：**和歌山県粉川町　加茂神社**

和歌山県

30b / 115

個体コード番号	3次メッシュコード	目通り幹周（cm）〔測定日〕	雌雄性	参照ページ
30-322-001	5135-33-64	587〔*2000.10.21*〕	♀	p. 245

撮影日（メディア）：①② 2000.10.22(N)，③ 2000.10.22(R)

鳥取県

31a/116

現住所・所在地：**鳥取県青谷町　八葉寺・子守神社**

個体コード番号	3次メッシュコード	目通り幹周(cm)〔測定日〕	雌雄性	参照ページ
31-343-001	5333-17-68	680〔*2000.7.19*〕	♂	p.245

撮影日(メディア)：① 2000.7.19(R)、② 2002.11.19(D)、③④ 2000.7.19(N)

現住所・所在地：**鳥取県若桜《ワカサ》町　龍徳寺**

鳥取県

31b / 117

個体コード番号	3次メッシュコード	目通り幹周(cm)〔測定日〕	雌雄性	参照ページ
31-325-002	5334-03-01	650〔*2000.7.18*〕	♀	p.246

❶

❷

撮影日(メディア)：① 2000.7.19(R)，② 2000.7.19(N)

現住所・所在地：**鳥取県鹿野町　幸盛寺**

鳥取県

31c / 118

個体コード番号	3次メッシュコード	目通り幹周(cm)〔測定日〕	雌雄性	参照ページ
31-342-004	5334-10-41	616〔*2000.7.19*〕	♀	p. 246, 補

撮影日(メディア)：① 2000.7.19(R)、②③ 2000.7.19(N)

現住所・所在地：**島根県浜田市　伊甘《イカン》神社**

島根県

32a / 119

個体コード番号	3次メッシュコード	目通り幹周（cm）〔測定日〕	雌雄性	参照ページ
32-202-002	5232-30-19	610〔*2000.7.19*〕	♂	p. 247

撮影日（メディア）：①③ 1998.9.22(N)，② 2002.11.20(N)，④ 2000.7.20(N)

現住所・所在地：**岡山県八束村　福田神社・左（西）株**

個体コード番号	3次メッシュコード	目通り幹周（cm）〔測定日〕	雌雄性	参照ページ
33-588-004	5233-75-32	646〔*2000.7.19*〕	♂	p. 247

❶

❷

❸

撮影日（メディア）：①③ 2002.3.2(D)，② 2000.7.19(N)

現住所・所在地：**岡山県御津町　実成寺跡**

お葉つきイチョウ

岡山県

33d / 121

個体コード番号	3次メッシュコード	目通り幹周（cm）〔測定日〕	雌雄性	参照ページ
33-301-004	5233-17-14	645〔*2000.7.22*〕	♀	p. 248

❶

❷

❸

❹

撮影日（メディア）：①③ 2002.3.4(R)，② 2000.7.22(R)，④ 2000.7.22(N)

現住所・所在地：**岡山県奈義町　阿弥陀堂**

個体コード番号	3次メッシュコード	目通り幹周(cm)〔測定日〕	雌雄性	参照ページ
33-623-005	5234-51-67	未測定	♂	p. 248

撮影日（メディア）：① 2002.3.2(D)，② 1999.8.26(N)，③ 2002.3.2(R)，④ 2002.3.2(N)

現住所・所在地：**岡山県哲西町　岩倉八幡神社**

岡山県

33a / 123

個体コード番号	3次メッシュコード	目通り幹周（cm）〔測定日〕	雌雄性	参照ページ
33-564-001	5233-22-77	未測定	♂	p. 249

撮影日（メディア）：① 2002.3.2(N)，②③ 1999.8.26(N)，④⑤ 2002.3.2(D)

現住所・所在地：**広島県福山市＊　吉備津神社前広場**

［＊旧 新市町；2003.2 内海町，福山市と合併］

広島県

34a / 124

個体コード番号	3次メッシュコード	目通り幹周（cm）〔測定日〕	雌雄性	参照ページ
34-524-005	5133-62-71	630〔*2000.7.21*〕	♂	p.249

❶

❷

❸

❹

撮影日（メディア）：① 2001.12.22(D)、②④ 2000.7.21(N)、③ 2001.12.22(N)

現住所・所在地：**広島県福山市　永谷八幡神社**

個体コード番号	3次メッシュコード	目通り幹周(cm)〔測定日〕	雌雄性	参照ページ
34-207-008	5133-62-85	600〔*2000.7.21*〕	♂	p.250

❶

❷

❸

❹

撮影日（メディア）：① 2001.12.22(D)，②③④ 2000.7.21(N)

現住所・所在地：**広島県安芸津町　蓮光寺**

広島県

34c / 126

個体コード番号	3次メッシュコード	目通り幹周(cm)〔測定日〕	雌雄性	参照ページ
34-422-001	5132-36-85	490〔*2000.7.21*〕	♂	p.250

撮影日(メディア)：① 2001.12.19(N)，② 2000.7.21(R)，③④ 2000.7.21(N)

現住所・所在地：**山口県岩国市　高木氏敷地内**

山口県

35a / 127

個体コード番号	3次メッシュコード	目通り幹周（cm）〔測定日〕	雌雄性	参照ページ
35-208-006	5132-10-98	615・200・186・150・2α〔2000.7.20〕	♀	p. 251

❶

❷

❸

❹

❺

撮影日（メディア）：①③⑤ 2002.3.3(D)，② 2000.7.20(R)，④ 2000.7.20(N)

現住所・所在地：**山口県山口市　龍蔵寺**

個体コード番号	3次メッシュコード	目通り幹周(cm)〔測定日〕	雌雄性	参照ページ
35-203-020	5131-13-93	610・115〔*2001.3.7*〕	♀	p. 251

撮影日(メディア)：① 2002.3.3(R)，② 2001.3.12(N)，③④ 2002.3.3(D)

現住所・所在地：**徳島県鴨島町　五所神社**

徳島県
36b / 129

個体コード番号	3次メッシュコード	目通り幹周(cm)〔測定日〕	雌雄性	参照ページ
36-441-037	＊＊＊	672〔*1998.11.14*〕	♂	p. 252

撮影日(メディア)：① 2001.2.9(R)，②④ 2002.8.4(D)，③ 2001.2.9(N)

現住所・所在地：**徳島県板野町　八幡神社**

徳島県

36c / 130

個体コード番号	3次メッシュコード	目通り幹周(cm)〔測定日〕	雌雄性	参照ページ
36-404-007	＊＊＊	672〔*1998.11.14*〕	♀	p.252

❶

❷

❸

❹

撮影日(メディア)：①③④ 2001.2.10(N)，② 2002.8.4(D)

現住所・所在地：**徳島県山川町　山崎八幡宮**

個体コード番号	3次メッシュコード	目通り幹周(cm)〔測定日〕	雌雄性	参照ページ
36-443-036	＊＊＊	658〔*1998.11.14*〕	♂	p. 253

撮影日（メディア）：① 2001.2.9(D)，②③④ 2002.8.4(D)

現住所・所在地：**徳島県一宇村　河内堂**

個体コード番号	3次メッシュコード	目通り幹周(cm)〔測定日〕	雌雄性	参照ページ
36-465-001	＊＊＊	646〔*2001.2.9*〕	♂	p. 253

❶

❷

❸

❹

撮影日(メディア)：① 2001.2.9(R)，②④ 1998.7.20(N)，③ 2001.2.9(N)

現住所・所在地：**徳島県藍住町　八幡神社**

小塚の大イチョウ

個体コード番号	3次メッシュコード	目通り幹周(cm)〔測定日〕	雌雄性	参照ページ
36-403-045	＊＊＊	634〔*2001.2.10*〕	♂	p. 254

徳島県

36f / 133

撮影日(メディア)：①②④ 2001.2.10(R)，③⑥ 1998.7.20(N)，⑤ 2001.2.10(N)

現住所・所在地：**徳島県石井町　新宮本宮両神社・右株**

徳島県

36g / 134

個体コード番号	3次メッシュコード	目通り幹周（cm）〔測定日〕	雌雄性	参照ページ
36-341-015	＊＊＊	634〔*2001.2.10*〕	♂	p. 254

❶

❷

❸

❹

撮影日（メディア）：①③ 2001.2.10(R)，② 1998.7.17(N)，④ 2001.2.10(N)

現住所・所在地：**徳島県上板町　大山寺《ダイサンジ》**

徳島県

36i / 135

個体コード番号	3次メッシュコード	目通り幹周(cm)〔測定日〕	雌雄性	参照ページ
36-405-001	＊＊＊	600〔*1998.7.20*〕	♀	p.255

❶

❷

❸

❹

撮影日(メディア)：① 2000.2.10(N)，② 1998.7.20(N)，③④ 2001.2.10(R)

現住所・所在地：**徳島県石井町　銀杏集会所(銀杏庵)・左株**

徳島県

36a / 136

個体コード番号	3次メッシュコード	目通り幹周(cm)〔測定日〕	雌雄性	参照ページ
36-341-036	***	676・α 〔*1998.7.17*〕	♀	p.255

撮影日(メディア)：①④⑤ 2001.2.10(R)、②③ 1998.7.17(N)

現住所・所在地：香川県塩江町　岩部八幡神社・左株

香川県

37b / 137

個体コード番号	3次メッシュコード	目通り幹周（cm）〔測定日〕	雌雄性	参照ページ
37-361-001	5134-20-16	690〔*1999.3.4*〕	♀	p. 256

撮影日（メディア）：①③④⑤ 1999.3.4(N)，② 2001.7.20(R)

現住所・所在地：**愛媛県長浜町　三嶋神社**

愛媛県

38a / 138

個体コード番号	3次メッシュコード	目通り幹周(cm)〔測定日〕	雌雄性	参照ページ
38-421-003	5032-23-77	680〔*1999.7.30*〕	♀	p.256

撮影日（メディア）：① 2001.2.12(N)，②③④ 1998.7.30(N)

現住所・所在地：**愛媛県日吉村　瑞林寺跡**
武左衛門大いちょう

愛媛県
38b / 139

個体コード番号	3次メッシュコード	目通り幹周（cm）〔測定日〕	雌雄性	参照ページ
＊＊＊	＊＊＊	680〔*1998.11.16*〕	♂	p.257

撮影日（メディア）：①③④ 1999.3.8(N)，② 2001.7.21(D)

現住所・所在地：**愛媛県大洲市　聖臨寺**

個体コード番号	3次メッシュコード	目通り幹周（cm）〔測定日〕	雌雄性	参照ページ
38-207-004	5032-24-73	624〔*1999.3.8*〕	♀	p. 257

❶

❷

❸

❹

❺

撮影日（メディア）：① 1999.3.8(N)，② 2001.7.22(D)，③④⑤ 2001.2.12(N)

現住所・所在地：**愛媛県砥部町　常磐木神社**

愛媛県

38i / 141

個体コード番号	3次メッシュコード	目通り幹周(cm)〔測定日〕	雌雄性	参照ページ
38-402-008	5032-46-72	585〔*2001.2.11*〕	♀	p. 258

❶

❷

❸

❹

撮影日(メディア)：①③④ 2001.2.11(N)，② 2001.7.20(R)

現住所・所在地：**愛媛県松野町　游鶴羽《ユヅリハ》薬師如来**

個体コード番号	3次メッシュコード	目通り幹周(cm)〔測定日〕	雌雄性	参照ページ
***	***	650〔*1999.2.23*〕	♂	p. 258

撮影日(メディア)：①④ 1999.3.6(N)、② 2001.7.21(R)、③ 1999.3.6(R)

現住所・所在地：**愛媛県城川町　三滝神社**

三滝城の大いちょう

個体コード番号	3次メッシュコード	目通り幹周(cm)〔測定日〕	雌雄性	参照ページ
38-464-011	5032-06-93	590・215・68〔*1999.3.8*〕	♀	p.259

撮影日(メディア)：①④ 1999.3.8(N), ②③ 2001.7.22(D)

現住所・所在地：**愛媛県新居浜市　瑞応寺**

愛媛県

381 / 144

個体コード番号	3次メッシュコード	目通り幹周(cm)〔測定日〕	雌雄性	参照ページ
38-205-019	5033-62-94	主幹の目通り測定は不可能	♀	p. 259

撮影日（メディア）：① 2001.2.11(N)、②⑤ 2001.7.22(D)、③④ 1999.3.5(N)

現住所・所在地：**高知県須崎市　園教寺**

水吹きイチョウ

高知県

39b / 145

個体コード番号	3次メッシュコード	目通り幹周(cm)〔測定日〕	雌雄性	参照ページ
39-206-003	5033-02-63	656〔*1999.12.23*〕	♂	p. 260

撮影日(メディア)：①⑤ 1999.12.23(N)，② 2001.7.20(D)，③④ 1999.12.23(R)

現住所・所在地：**高知県中土佐町　公有地**

個体コード番号	3次メッシュコード	目通り幹周(cm)〔測定日〕	雌雄性	参照ページ
39-401-003	4933-71-69	660・76・2 α 〔*1999.7.16*〕	♂	p. 260

撮影日（メディア）：①③④ 1999.12.23(N)，② 1999.7.16(N)

現住所・所在地：**福岡県犀川町　大山《オオヤマヅミ》　神社**

個体コード番号	3次メッシュコード	目通り幹周(cm)〔測定日〕	雌雄性	参照ページ
40-622-013	5030-27-35	640〔*2000.3.27*〕	♀	p. 261

撮影日（メディア）：①⑤ 2000.3.27(R)、② 2000.3.27(N)、③ 2002.7.10(D)、④ 2002.7.10(N)

現住所・所在地：**福岡県甘木市　美奈宜神社**

個体コード番号	3次メッシュコード	目通り幹周(cm)〔測定日〕	雌雄性	参照ページ
40-209-007	5030-15-07	610〔*2000.11.23*〕	♂	p. 261

❶

❷

❸

❹

❺

撮影日(メディア)：① 2001.3.12(R)，②⑤ 2000.11.23(N)，③ 2001.3.12(D)，④ 2001.3.12(N)

現住所・所在地：**福岡県福岡市博多区　萬行寺**

福岡県

40c / 149

個体コード番号	3次メッシュコード	目通り幹周（cm）〔測定日〕	雌雄性	参照ページ
40-130-026	5030-33-03	612〔*2000.3.25*〕	♀	p. 262

撮影日（メディア）：① 2000.3.25(R)，②⑤ 2002.7.10(D)，③④ 2000.3.25(N)

現住所・所在地：**福岡県宗像市*　孔大寺神社**

［＊旧 玄海町；2003.4 宗像市と合併，新設］

福岡県

40d / 150

個体コード番号	3次メッシュコード	目通り幹周(cm)〔測定日〕	雌雄性	参照ページ
40-364-002	5030-64-15	605〔*2000.11.27*〕	♂	p. 262

①

②

③

④

⑤

⑥

撮影日（メディア）：①⑥ 2001.3.9(N)，②④⑤ 2000.11.27(R)，③ 2001.3.9(R)

現住所・所在地：**福岡県福岡市博多区　櫛田神社**

福岡県

40e / 151

個体コード番号	3次メッシュコード	目通り幹周（cm）〔測定日〕	雌雄性	参照ページ
40-130-027	5030-23-93	597〔*2000.3.25*〕	♂	p. 263

撮影日（メディア）：①⑤ 2000.3.25(N)，②④ 2002.7.10(N)，③ 2000.3.25(R)

現住所・所在地：**福岡県香春《カワラ》町　神宮院**

福岡県
40g / 152

個体コード番号	3次メッシュコード	目通り幹周(cm)〔測定日〕	雌雄性	参照ページ
40-601-008	5030-46-07	586〔*2000.3.27*〕	♀	p. 263

❶

❷

❸

❹

❺

撮影日（メディア）：①③ 2000.3.27(N)，② 2002.7.10(D)，④ 2000.3.27(R)，⑤ 2002.7.10(N)

現住所・所在地：**福岡県杷木《ハキ》町　堀氏敷地内・奥株**

福岡県
40f / 153

個体コード番号	3次メッシュコード	目通り幹周(cm)〔測定日〕	雌雄性	参照ページ
40-441-001	5030-06-78	590・215・α〔*2000.11.27*〕	♀	p.264, 補

撮影日(メディア)：①③ 2000.11.27(N), ② 2002.7.10(D), ④ 1999.7.27(N)

現住所・所在地：**福岡県宝珠山村　岩屋神社**

個体コード番号	3次メッシュコード	目通り幹周(cm)〔測定日〕	雌雄性	参照ページ
40-446-001	5030-17-10	560・5α 〔*1999.7.27*〕	♂	p.264, 補

❶

❷

❸

❹

撮影日（メディア）：①②③ 1999.7.27(N)、④ 2002.7.10(N)

現住所・所在地：**福岡県久留米市　筥崎八幡宮**

個体コード番号	3次メッシュコード	目通り幹周(cm)〔測定日〕	雌雄性	参照ページ
40-203-001	5030-05-10	564・166・113〔*1999.7.27*〕	♂	p. 265

撮影日（メディア）：①③ 2001.3.10(N)、②④ 1999.7.27(N)

現住所・所在地：**長崎県豊玉町＊　六御前《ムツノゴゼン》神社**
［＊2004.3 対馬市，新設となる予定］

個体コード番号	3次メッシュコード	目通り幹周（cm）〔測定日〕	雌雄性	参照ページ
42-443-001	5129-42-89	606〔*2000.3.26*〕	♀	p.265，補

❶

❷

❸

❹

❺

❻

撮影日（メディア）：①⑥ 2000.3.26(R)，②③④⑤ 2000.3.26(N)

現住所・所在地：**長崎県鷹島町　今宮神社**

長崎県

42a / 157

個体コード番号	3次メッシュコード	目通り幹周(cm)〔測定日〕	雌雄性	参照ページ
42-387-002	5029-05-98	共通幹周655(455・287)〔*2000.3.25*〕	♀	p. 266

❶

❷

❸

❹

❺

撮影日(メディア)：①③④⑤ 2000.3.25(N)、② 2002.7.11(D)

現住所・所在地：**長崎県勝本町　水《ミズノ》神社**

長崎県

42c / 158

個体コード番号	3次メッシュコード	目通り幹周(cm)〔測定日〕	雌雄性	参照ページ
42-422-005	5029-55-66	576・122〔*2000.3.26*〕	♀	p. 266

撮影日(メディア)：①②③④ 2000.3.26(N)

現住所・所在地：**熊本県城南町　竹下水神**

個体コード番号	3次メッシュコード	目通り幹周(cm)〔測定日〕	雌雄性	参照ページ
43-341-009	4930-05-37	684〔*1999.7.25*〕	♂	p. 267

撮影日(メディア)：① 2001.3.11(D)、②③ 1999.7.25(N)

現住所・所在地：**熊本県五木村　九折瀬《ツヅラセ》観音堂**

熊本県

43c / 160

個体コード番号	3次メッシュコード	目通り幹周(cm)〔測定日〕	雌雄性	参照ページ
43-511-004	4830-46-87	640〔*2001.3.11*〕	♂	p.267

①

②

③

④

撮影日(メディア)：①④ 2001.3.11(N)，② 2000.11.24(N)，③ 2000.11.24(R)

現住所・所在地：**熊本県高森町　小鶴年祢《トシネ》神社**

熊本県

43d / 161

個体コード番号	3次メッシュコード	目通り幹周(cm)〔測定日〕	雌雄性	参照ページ
43-428-004	4931-10-69	687〔*2000.3.10*〕	♂	p.268

撮影日（メディア）：①④ 2000.3.10(N)、② 2002.7.7(D)、③ 2002.7.7(N)

現住所・所在地：**熊本県高森町　川上神社**

熊本県
43e / 162

個体コード番号	3次メッシュコード	目通り幹周(cm)〔測定日〕	雌雄性	参照ページ
43-428-012	4931-22-00	635〔*2000.3.10*〕	♀	p.268

❶

❷

❸

❹

撮影日（メディア）：①③ 2000.3.10(N)，② 2002.7.7(D)，④ 2002.7.7(N)

現住所・所在地：**熊本県菊鹿町　坂口氏敷地内**

熊本県

43f / 163

個体コード番号	3次メッシュコード	目通り幹周（cm）〔測定日〕	雌雄性	参照ページ
＊＊＊	＊＊＊	620〔*2000.11.25*〕	♀	p. 269

撮影日（メディア）：① 2001.3.10(N)，② 2000.11.25(R)，③ 2001.3.10(R)，④ 2000.11.25(N)

現住所・所在地：**熊本県高森町　真覚寺**

熊本県

43g / 164

個体コード番号	3次メッシュコード	目通り幹周(cm)〔測定日〕	雌雄性	参照ページ
43-428-008	4931-11-47	600〔*2000.3.10*〕	♂	p.269

撮影日(メディア)：①③⑤ 2000.3.10(N)、② 2002.7.7(D)、④ 2002.7.7(N)

現住所・所在地：**熊本県熊本市　諏訪神社**

個体コード番号	3次メッシュコード	目通り幹周(cm)〔測定日〕	雌雄性	参照ページ
43-201-111	4930-05-85	644〔*2000.3.10*〕	♂	p. 270

撮影日（メディア）：① 2001.3.10(R)，②③ 2002.7.8(D)，④ 2000.3.10(N)

現住所・所在地：**熊本県菊池市　赤星菅原神社**

個体コード番号	3次メッシュコード	目通り幹周（cm）〔測定日〕	雌雄性	参照ページ
43-210-005	4930-36-54	600〔*2000.11.25*〕	♂	p.270

❶

❷

❸

撮影日（メディア）：① 2001.3.10(N)，②③ 2000.11.25(N)

現住所・所在地：**大分県宇目町　矢野氏敷地内**

大分県

44a / 167

個体コード番号	3次メッシュコード	目通り幹周(cm)〔測定日〕	雌雄性	参照ページ
44-404-001	4931-14-68	675・α〔*2000.11.25*〕	♂	p.271, 補

❶

❷

❸

撮影日（メディア）：①②③ 2000.11.25(N)

現住所・所在地：**大分県日田市　元大原神社**

大分県

44b / 168

個体コード番号	3次メッシュコード	目通り幹周(cm)〔測定日〕	雌雄性	参照ページ
44-204-042	4930-77-76	670〔*2000.3.11*〕	♂	p. 271

❶

❷

❸

❹

撮影日（メディア）：①③④ 2000.3.11(N)、② 2002.7.9(D)

現住所・所在地：**大分県日田市　圣王天明神・左株**

大分県

44c / 169

個体コード番号	3次メッシュコード	目通り幹周（cm）〔測定日〕	雌雄性	参照ページ
44-204-056	4930-77-84	600〔*2000.3.11*〕	♂	p. 272

1

2

3

4

5

6

撮影日（メディア）：① 2000.3.11(N)、② 2001.3.12(N)、③⑤⑥ 2002.7.9(D)、④ 2000.3.11(R)

現住所・所在地：**大分県九重町　公有地**

川下の乳イチョウ

大分県

44d / 170

個体コード番号	3次メッシュコード	目通り幹周(cm)〔測定日〕	雌雄性	参照ページ
44-461-046	4931-71-15	未測定	未確認	p. 272

撮影日(メディア)：①③④ 2000.3.11(N)，② 2002.7.9(D)

宮崎県

45a / 171

現住所・所在地：**宮崎県えびの市　えびの市役所飯野出張所**

飯野イチョウ

個体コード番号	3次メッシュコード	目通り幹周（cm）〔測定日〕	雌雄性	参照ページ
45-209-001	4830-06-59	665〔*2000.11.24*〕	♂	p. 273, 補

撮影日（メディア）：① 2002.7.9(D)，②③④ 2000.11.24(N)

現住所・所在地：**宮崎県都城市　龍峯寺墓地内**

宮崎県

45b / 172

個体コード番号	3次メッシュコード	目通り幹周(cm)〔測定日〕	雌雄性	参照ページ
45-202-006	4731-40-54	642〔*2000.3.9*〕	♀	p. 273

撮影日（メディア）：①④⑤ 2000.3.9(N)，② 2002.7.9(N)，③ 2002.7.9(D)

現住所・所在地：**宮崎県高千穂町　押方地蔵尊**

宮崎県

45c / 173

個体コード番号	3次メッシュコード	目通り幹周(cm)〔測定日〕	雌雄性	参照ページ
45-441-017	4931-02-43	586〔*2000.11.25*〕	♀	p.274

❶

❷

❸

❹

❺

撮影日（メディア）：①⑤ 2001.3.11(N)、② 2000.11.25(R)、③④ 2000.11.25(N)

現住所・所在地：**宮崎県高原《タカハル》町　狭野神社**

宮崎県

45d / 174

個体コード番号	3次メッシュコード	目通り幹周(cm)〔測定日〕	雌雄性	参照ページ
45-361-001	4730-67-87	586〔*2000.3.9*〕	♀	p.274

撮影日(メディア)：①③⑤ 2000.3.9(N)，② 2002.7.8(R)，④⑥ 2000.3.9(R)

現住所・所在地：**宮崎県宮崎市　生目神社**

宮崎県

45e / 175

個体コード番号	3次メッシュコード	目通り幹周(cm)〔測定日〕	雌雄性	参照ページ
45-201-002	4731-63-90	共通幹周653(500・253)〔*2000.3.9*〕	♂	p. 275

❶

❷

❸

❹

❺

❻

撮影日(メディア)：①④ 2000.3.9(N), ②③ 2002.7.8(D), ⑤ 2002.7.8(R), ⑥ 2000.3.9(R)

現住所・所在地：**鹿児島県溝辺町　鷹屋《タカヤ》神社**

鹿児島県

46a / 176

個体コード番号	3次メッシュコード	目通り幹周（cm）〔測定日〕	雌雄性	参照ページ
46-444-002	4730-55-75	656〔*1999.7.24*〕	♀	p. 275

撮影日（メディア）：①③ 2001.1.6(N)，②④ 1999.7.24(N)

現住所・所在地：**鹿児島県始良町　若宮神社**

鹿児島県

46b / 177

個体コード番号	3次メッシュコード	目通り幹周（cm）〔測定日〕	雌雄性	参照ページ
46-442-005	4730-44-99	635〔*2000.11.24*〕	♂	p.276

❶

❷

❸

❹

撮影日（メディア）：① 2001.1.25(N)，② 2000.11.24(R)，③④ 2000.11.24(N)

現住所・所在地：**鹿児島県姶良町　帖佐八幡神社**

鹿児島県

46c / 178

個体コード番号	3次メッシュコード	目通り幹周(cm)〔測定日〕	雌雄性	参照ページ
46-442-004	4730-45-90	共通幹周600(585・α)〔*2000.11.24*〕	♂	p. 276

撮影日(メディア)：①④ 2000.11.24(R)，② 2000.4(N)，③⑤ 2000.11.24(N)

現住所・所在地：**沖縄県名護市　大浦共同売店横**

沖縄県

47a / 179

個体コード番号	3次メッシュコード	目通り幹周(cm)〔測定日〕	雌雄性	参照ページ
＊＊＊	＊＊＊	188〔*2002.5.14*〕	♀	p.277

❶

❷

❸

撮影日(メディア)：①②③ 2002.5.14(D)

現住所・所在地：**高知県大豊町　泉氏敷地内**

高知県

39c / 補

個体コード番号	3次メッシュコード	目通り幹周（cm）〔測定日〕	雌雄性	参照ページ
39-344-003	5033-55-13	500〔*2003.3.13*〕	♂	p. 277

撮影日（メディア）：①②③④ 2003.3.13(D)

第2章
資 料 編

第1章「写真編」で扱った180本のイチョウの、現所在地(名)の詳細、所在地の旧名、資料をもとに幹周の記載記録〔測定年月、測定値（括弧内は株立ち数)、雌雄性など〕の編年史、過去に撮影された写真・図版記録の有無、各木の特徴、敷設されている解説板写真(撮影日)、解説板がない場合は関連写真、交通、などを記した。

本章で最も重視したのは、個体編年史である。ここに参照した資料の数は限られたものであり、いわば未完である。今後時間をかけて資料を発掘し、より完成度の高いものにしていきたい。未来については、後世の人に託したい。

本書では樹高、枝張り、伝説、説話は取りあげなかった。イチョウは、大風、台風などによって、太い枝はもちろんのこと、太い主幹でも度々折損する。その頻度は雄株より雌株が一層多いといえる。台風は秋に到来することが多いため、肥大したギンナンを大量につけた雌木が被害に遭う。一方、主幹が根元から折損し、朽ちはてても、イチョウは萌芽枝を伸ばして生長を続ける。したがって、樹高は樹齢とは相関しないことが多い。スギ林などに囲まれた環境で生活するイチョウの樹高は、老若に関係なく一般に高くなる。

2.1　各項目についての説明

1　［所在地住所名および所在場所（寺社名など）］

現在使われている行政区域名を基本とした[40]。しかし、地域によっては、イチョウの所在場所を正式住所名でたずねても、その土地の人が知らないことがある。日常的には旧名が使われ、大字、字、小字名が省かれたり、認識されていない場合もある。便宜のため地方呼称（著者が現地で聞き取りしたもの）を付けた場合もある。同様のことは、寺社名や、他の所在場所名（公園など）にもある。

2　［記念物など］

文化財指定の種類を示すことは本書の主要な目的ではないが、イチョウの所在場所を探すときの指標として有効なので、参考資料として記した。指定解除などの変更、著者の誤認がある場合は教示をお願いしたい。指定段階は、次の略称で示した。（　）内は、指定年月日。

［国天（2003.1.1 指定）］：国指定の天然記念物

［県〔都、道、府〕天］：県〔都、道、府〕指定の天然記念物

［市天］：市指定の天然記念物

［町天］：町指定の天然記念物

［村天］：村指定の天然記念物

3　［旧住所名、呼称名］

行政区域名の変更はしばしば起こる。現在（1999 年から）、特に「市町村合併特例法」により、自治体の合併が奨励されていることから、近い将来本書に記した住所のかなりの数が変わることも予想される。本書の準備中にもこの問題が進行しており、出版時には変わっているところがあるはずである。今世紀中には、廃県置州ということすら行われるかもしれない。各木についての古資料を探索するとき、旧住所名がわからなければ調査に余分な時間を要するので、また過去を知る手掛かりとして役立つと考え、必要に応じては記載時の住所名を記した。

4　［各個体の説明］

すべての木について、木の特徴や関連した事項、全国の状況などを記した。著者が特に重視したのは、「きれいな 1 本木」という表現に含めた意味である。イチョウは太くなるとともに、幹の形状が柱状から不規則的になる。目通り幹周長が 400 cm 前後までは幹は円柱状に生長するが、500 cm 前後には形が崩れはじめ、700 cm を越えて円柱状を維持している巨樹は珍しい。500 〜 600 cm 台が整形から不規則形への移行期にあたるようである。整形的な 1 本木が、100 年後、200 年後にどのように変化しているかは興味深い。

5　［幹周記録の編年表］

これまで入手できた資料をもとに作成した、各木の幹周記録年表（いわば、近代 90 年の個体史）である。

参照した資料の発行年と幹周の測定年月にずれがあるのは当然である。各資料に測定年月日が記してある場合は引用したが、示されていない場合は発行年に括弧を付けて区別した。

主要な資料については、当該木が記載されている頁数（もしくは、配列番号）も示した。それは、以下のようなことがあるためである。それぞれの資料に記される幹周値は、自己の測定値、現地からの提供資料による数値、他資料からの引用、などがある。しかし、現地を調査すると、(1) 1本の木が2本の独立した木として扱われている場合、(2) 一箇所に複数のイチョウがあり、取り違えて記載している場合、(3) 2本の独立した木の値が合算されて、1本の木として記載されている場合、などがある。このような混乱が今後も継続されないようにするため、資料相互の照合に間違いが生じないように記した。

十年以上、数十年前に文化財指定を受けた木の幹周値については、特に注意すべきことがある。こうした木には、多くの場合解説板が設置されている。その解説には、指定時の値が改訂されることなく記されたままになっていることがあるからである。指定後の生長量が算入されていないのである。

表中の空欄は、本書では参照していない生育各地にあるデータの書き込み欄、将来の生長記録記入欄として利用してもらいたい。

6 ［解説板写真と撮影日］

イチョウに敷設されている解説板に書かれている内容、板の体裁、設置様態などには、そのイチョウの生育地の時代の雰囲気や、土地の文化・社会環境を色濃く映しているものがある。それらを伝えるための資料として示した。解説板はあるが、写真にすると全く読みとれないため、載せられなかったものは1本のみである。多くの場合、最初に訪れた日に撮影したものであるが、それ以後の訪問の時に撮影したものもある。解説のない何本かの木については、まわりの建造物や由来等の写真を添えた。

7 ［交通］

主に道路交通による経路で示した。しかし、地方道の建設が多く、号数変更がしばしば行われることを承知しておく必要があろう。また、バイパス道の建設で、同じ号数番号が二つある場合も要注意であろう。

2.2 各木の資料解説

イチョウ1本1本にも「個性」がある。若年木のうちは、外部表面的にはその個性の差違はそれほど目立たない。ヒトにたとえれば、「子供」として総まとめにされるのと同じである。しかし、子供にも明確な個性がある。イチョウを注意深く観察すると、各木はそれぞれの個性を強く主張している。言葉ではなく、目で確認できる外部に現れる具体的な形の違いとしてである。たとえば、葉についてみると、形、大きさ、色合い、切れ込み数の有無・多少、深度など、枝については、伸びる角度、曲がり方(直線的、曲線的)、枝を出す頻度、幹表面の模様の差違など、誰にでもわかる違いである。何人かの人に、イチョウの葉の形を描いてもらえば、三者三様の形が描かれることで、それがすぐわかるであろう。あなたは、イチョウの葉の形を、一筆書きでどんな形に描くだろうか？

ヒトが生長するにつれて、外部的な顔つきや体格の違い、目には見えない性格に多様な違いが現れる。イチョウにも同じことがいえる。たとえば、イチョウが一定の樹齢に達して初めて現す性格というものがある。北関東では、3月下旬から4月初旬に開芽が始まる。一般に、雄株の開芽が雌株より1週間くらい早く始まるといわれる[50]。このことは、仙台市（宮城県）[52]、つくば市（茨城県）[未発表]、大阪市（大阪府）[51]という、東西離れた3箇所での数年間の継続調査でも大筋確認できたので、日本全体に普遍して起こる現象だといえるであろう。だが、各木についてその中身をみてみると面白いことがわかる。ほぼ決まった日（ただし、数年間にわたることなので、1～3日位の幅はある）に開芽する律儀な木がある一方、お天気屋で1週間から10日くらいの変位の幅が大きい木もある。また、観察している各地（それぞれ雌雄合わせて100～200本）のイチョウ中には、雄株より遅く開芽を開始する雌株のすべてが開芽してしまっても、まだ眠っている寝坊な雄株が少数ながら存在する。こうした木の個性は、気長な観察を通して初めてわかる類のものである。本編では、各木のこうした個性の一断面を、主観的、恣意的かつ不完全というそしりは免れないが、20世紀の状況記録として参考のために記した。

1/01a　北海道亀田郡七飯町本町 668　本町上台団地入口

イチョウの雄花を知る人は意外に少ない。しかも、雄花は春の3～4 週間くらいしか見られないので、その時期を過ぎると、雄なのか、まだ若い木なのか、一般には判断できない。この木は雌株であるが、近所の人に聞いてみると、雄花または花粉らしきものを見るという。ただ、その方もイチョウの雄花をはっきり認識している様子ではなかった。確認のチャンスが未だないが、この樹全体が数本の融合樹のような形状も見られるので、一部が雌である可能性は考えられる。因みに、そうした木は愛媛県城辺町にある。

撮影日：2000.7.7

交　通：函館から国道 5 号線、右側。

資料名（発行年）	調査年/月	幹周（cm）	図写真
（古資料）			
本多：大日本老樹名木誌（1913）：no.	1912	—	—
三浦ら：日本老樹名木天然記念物（1962）：no.	1961	—	—
上原：樹木図説2. イチョウ科（1970）：p.	(1970)	—	—
環境庁：日本の巨樹・巨木林（1991）	1988	615	—
（各市町村の報告書、その他）			
著者実測	2000/7	676	+
（2100年代）			
（2200年代）			

2/01b　北海道松前郡松前町　松前公園・松前家墓地内［道記念保護樹（1973.3.30 指定）］

イチョウの幹、枝の形は、基本的には円柱状で円滑であるが、この木は陵線様の角張った樹表面を持つ（写真 ①③）、全国的にも稀有な特徴。

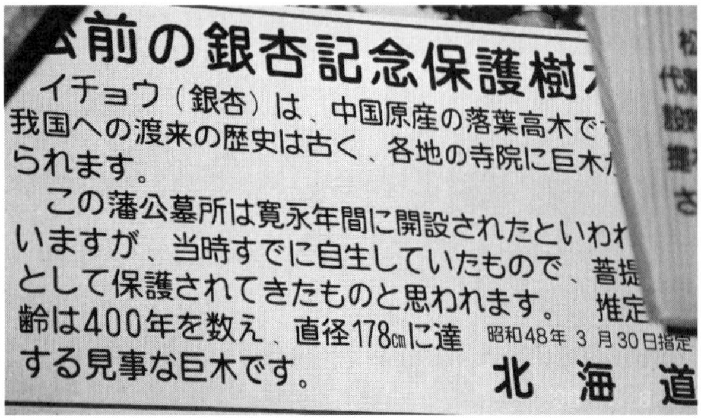

撮影日：2000.7.8

交　通：函館から国道 228 号線を 95 km、松前町内の右側。

資料名（発行年）	調査年/月	幹周（cm）	図写真
（古資料）			
本多：大日本老樹名木誌（1913）：no.	1912	—	—
三浦ら：日本老樹名木天然記念物（1962）：no.	1961	—	—
上原：樹木図説2. イチョウ科（1970）：p.112	(1970)	450	—
環境庁：日本の巨樹・巨木林（1991）	1988	550	—
（各市町村の報告書、その他）			
著者実測	2000/7	600	+
（2100年代）			
（2200年代）			

3/01c　北海道茅部郡南茅部町字臼尻 175　覚王寺 ［道記念保護樹（1975.6.21指定）］

地面から約 150 cm の高さで 3 又に分岐。

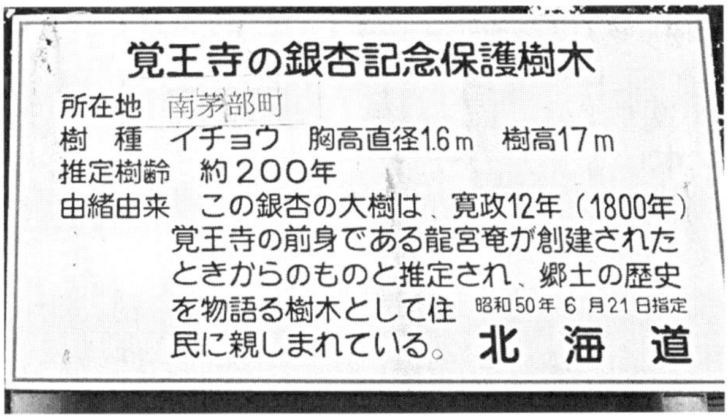

覚王寺の銀杏記念保護樹木
所在地 南茅部町
樹 種 イチョウ 胸高直径1.6ｍ 樹高17ｍ
推定樹齢 約200年
由緒由来 この銀杏の大樹は、寛政12年（1800年）覚王寺の前身である龍宮庵が創建されたときからのものと推定され、郷土の歴史を物語る樹木として住民に親しまれている。
昭和50年 6 月21日指定
北海道

撮影日：2000.7.7

交　通：国道 278 号線沿い。

資料名（発行年）	調査年/月	幹周（cm）	図写真
（古資料）			
本多：大日本老樹名木誌（1913）：no.	1912	—	—
三浦ら：日本老樹名木天然記念物（1962）：no.	1961	—	—
上原：樹木図説2. イチョウ科（1970）：p.	(1970)	—	—
環境庁：日本の巨樹・巨木林（1991）	1988	541	—
（各市町村の報告書、その他）			
著者実測	2000/7	共通幹周610（313・310・262）	+
（2100年代）			
（2200年代）			

4/02a　青森県弘前市下白銀町　弘前公園/弘前城址・西の郭 ［弘前市古木名木］

解説板にも見られるように土塁が取り除かれたため、他に類を見ない雄大な根上の形状になった（写真 ③④）。このような木は、埼玉県東松山市でも見られるが、全国的にも大変印象深い木である。これとは逆に、幹が数メートルも堤防の盛土に埋まった例が高知県土佐市の仁淀川沿いにある。

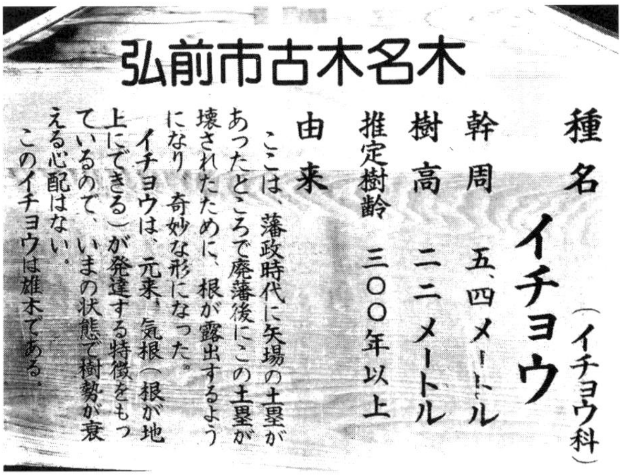

弘前市古木名木
種名 イチョウ（イチョウ科）
幹周 五、四メートル
樹高 二二メートル
推定樹齢 三〇〇年以上
由来 ここは、藩政時代に矢場の土塁があったところで廃藩後にこの土塁が壊されたために、根が露出するようになり、奇妙な形になった。イチョウは、元来、気根（根が地上にできる）が発達する特徴をもっているので、いまの状態で樹勢が衰える心配はない。このイチョウは雄木である。

撮影日：1998.6.20

交　通：（省略）

資料名（発行年）	調査年/月	幹周（cm）	図写真
（古資料）			
本多：大日本老樹名木誌（1913）：no.	1912	—	—
三浦ら：日本老樹名木天然記念物（1962）：no.	1961	—	—
上原：樹木図説2. イチョウ科（1970）：p.	(1970)	—	—
環境庁：日本の巨樹・巨木林（1991）	1988	535	—
現地解説板（指定当時の値として）	?	540 ♂	／
（各市町村の報告書、その他）			
著者実測	2000/5	650	+
（2100年代）			
（2200年代）			

5/02b 青森県八戸市廿六日町　神明宮

しんめいさまの銀杏、七つ屋の銀杏、とも呼ばれる

写真は 2001、2002 年に撮影したものであるが、初めて訪れた 1998 年はこのような樹姿ではなかった。交通量の多い道路に面した場所に生きることを余儀なくされたこのイチョウは、人間族の 20 世紀の飽くなき物質文明追求の姿を、樹形に否応なく投影しているように見える。このような手をもがれたイチョウは各地の市街地にある。しかし、根元がたくましい 1 本木。

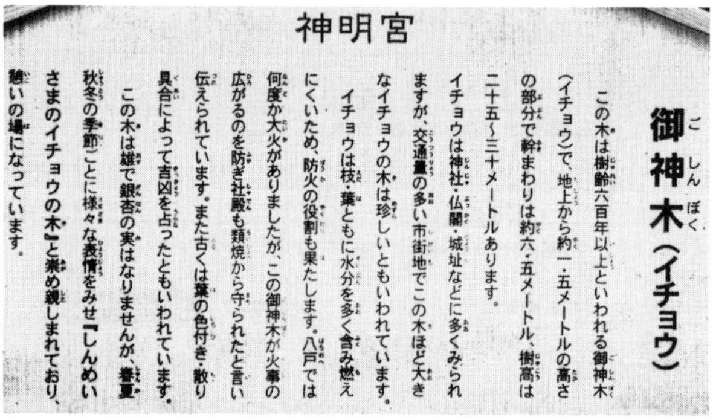

神明宮
御神木《ごしんぼく》（イチョウ）
この木は樹齢六百年以上といわれる御神木（イチョウ）で、地上から約一・五メートルの高さの部分で幹まわりは約六・五メートル、樹高は二十五〜三十メートルあります。
イチョウは神社・仏閣・城址などに多くみられますが、交通量の多い市街地でこの木ほど大きなイチョウの木は珍しいともいわれています。
イチョウは枝・葉ともに水分を多く含み燃えにくいため、防火の役割も果たします。八戸では何度か大火がありましたが、この御神木が火事の広がるのを防ぎ社殿も類焼から守られたと言い伝えられています。また古くは葉の色付き・散り具合によって吉凶を占ったともいわれています。
この木は雄で銀杏の実はなりませんが、春夏秋冬の季節ごとに様々な表情をみせ『しんめいさまのイチョウの木』と崇め親しまれており、憩いの場になっています。

撮影日：2000.4.29

交　通：（省略）

資料名（発行年）	調査年/月	幹周（cm）	図写真
（古資料）			
本多：大日本老樹名木誌（1913）：no.	1912	—	—
三浦ら：日本老樹名木天然記念物（1962）：no.	1961	—	—
上原：樹木図説2. イチョウ科（1970）：p.	(1970)	—	—
環境庁：日本の巨樹・巨木林（1991）	1988	635	—
現地解説板（指定当時の値として）	?	650	／
（各市町村の報告書、その他）			
著者実測	2000/4	610	+
（2100年代）			
（2200年代）			

6/02c 青森県黒石市袋　白山姫神社/袋観音 ［市天］

太いひこばえを除くと、本体は比較的きれいな 1 本木。乳は主幹（写真 ④）、枝（写真 ①）の両方に見られる。

黒石市指定
天然記念物
袋のイチョウ
（推定樹齢四百年以上）

撮影日：1998.6.30

交　通：東北自動車道「黒石」IC→国道 102 号線を十和田湖方面へ→国道 349 号線との分岐点で右折→黒石温泉、伝統工芸館を時計回りに巻いて 100 mほど先。

資料名（発行年）	調査年/月	幹周（cm）	図写真
（古資料）			
本多：大日本老樹名木誌（1913）：no.	1912	—	—
三浦ら：日本老樹名木天然記念物（1962）：no.	1961	—	—
上原：樹木図説2. イチョウ科（1970）：p.	(1970)	—	—
環境庁：日本の巨樹・巨木林（1991）	1988	565	—
（各市町村の報告書、その他）			
著者実測	2000/11	622	+
（2100年代）			
（2200年代）			

7/02d 青森県十和田市相坂《オオサカ》字相坂 115-1　大池神社・右株
[上北郡藤坂村字相坂[1]；十和田市(大字)相坂[2,3]]

鳥居の両側に１本ずつある、右株。現在の幹周は以前より１m以上も細い。これは、写真 ④⑤ からわかるように、焼失枯死部分があるためであろう。幹上部にも折損部分が見られる。

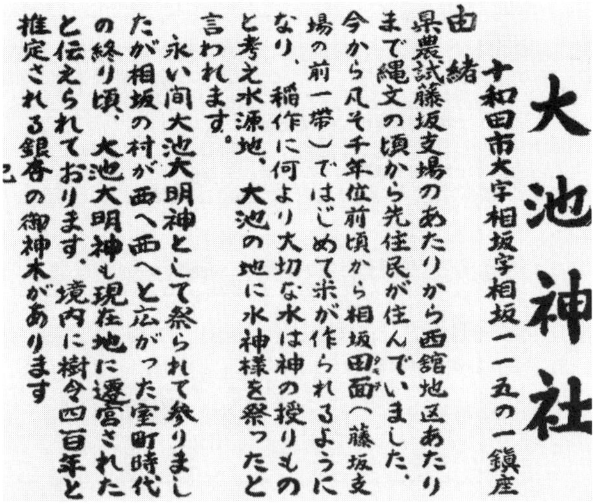

撮影日：1999.5.1

交　通：十和田市内の国道４号線とバイパス４号線の中間。

資料名(発行年)	調査年/月	幹周(cm)	図写真
(古資料)			
本多：大日本老樹名木誌(1913)：no.476	1912	758	—
三浦ら：日本老樹名木天然記念物(1962)：no.1148	1961	800	—
上原：樹木図説2. イチョウ科(1970)：p.115	(1970)	800	—
環境庁：日本の巨樹・巨木林(1991)	1988	720	—
(各市町村の報告書、その他)			
著者実測	1999/5	664	＋
(2100年代)			
(2200年代)			

8/02e 青森県三戸郡田子《タッコ》町(通称　七日市)　釜淵観音堂

陵線のような、角張った樹表面が乳にも見られる(写真 ④)。特異な木。地表に発達した根があらあらしい(写真 ⑤)。

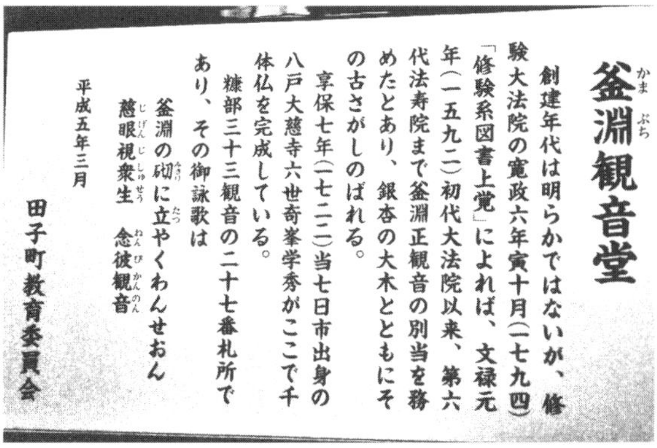

撮影日：2000.4.28

交　通：国道 104 号線→県道 32 号線(二戸田子線)に入ってすぐ。

資料名(発行年)	調査年/月	幹周(cm)	図写真
(古資料)			
本多：大日本老樹名木誌(1913)：no.	1912	—	—
三浦ら：日本老樹名木天然記念物(1962)：no.	1961	—	—
上原：樹木図説2. イチョウ科(1970)：p.	(1970)	—	—
環境庁：日本の巨樹・巨木林(1991)	1988	670	—
(各市町村の報告書、その他)			
著者実測	2000/4	662	＋
(2100年代)			
(2200年代)			

9/02f 青森県八戸市根城《ネジョウ》八丁目　根城址（博物館横）

正面観（写真 ③）ではわからない枯死消失幹が背面にあり（写真 ④）、かっては壮大な樹であったことを偲ばせる。

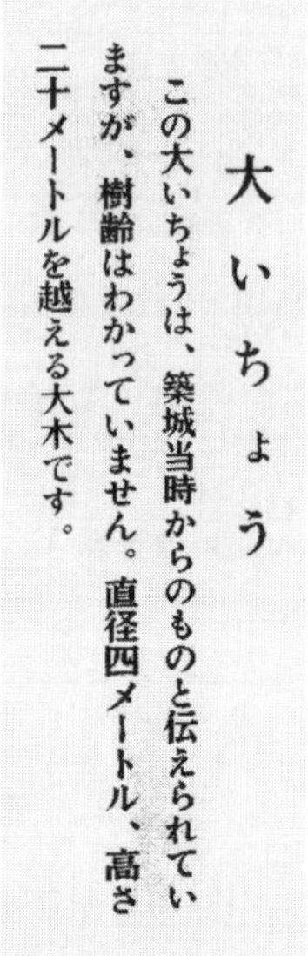

大いちょう
この大いちょうは、築城当時からのものと伝えられてい
ますが、樹齢はわかっていません。直径四メートル、高さ
二十メートルを越える大木です。

撮影日： 1998.6.21

交　通：（省略）

資料名（発行年）	調査年/月	幹周（cm）	図写真
（古資料）			
本多：大日本老樹名木誌（1913）：no.	1912	—	—
三浦ら：日本老樹名木天然記念物（1962）：no.	1961	—	—
上原：樹木図説2. イチョウ科（1970）：p.	(1970)	—	—
環境庁：日本の巨樹・巨木林（1991）	1988	—	—
（各市町村の報告書、その他）			
著者実測	2000/4	共通幹周 1020（639・枯死・α）	＋
（2100年代）			
（2200年代）			

10/03a 岩手県岩手郡松尾村寄木 27-91-2　高橋氏敷地内 ［村天（1975.10.11指定）］

上部の枝の折損がほとんど見られない（写真 ①）点が注目される。

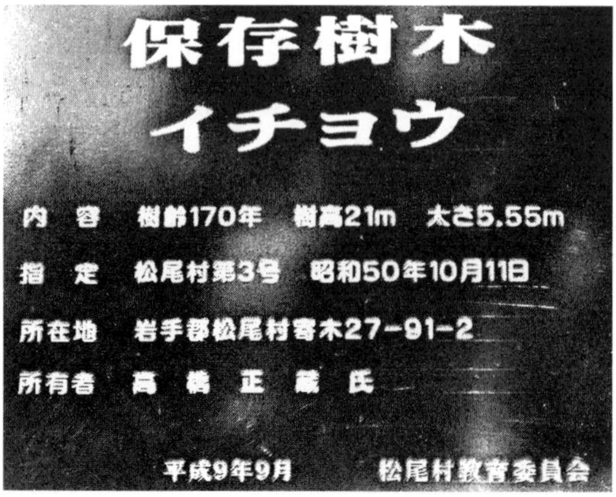

保存樹木
イチョウ
内　容　樹齢170年　樹高21m　太さ5.55m
指　定　松尾村第3号　昭和50年10月11日
所在地　岩手郡松尾村寄木27−91−2
所有者　高　橋　正　蔵　氏
平成9年9月　松尾村教育委員会

撮影日： 1998.7.27

交　通： 村立松尾中学校近傍。

資料名（発行年）	調査年/月	幹周（cm）	図写真
（古資料）			
本多：大日本老樹名木誌（1913）：no.	1912	—	—
三浦ら：日本老樹名木天然記念物（1962）：no.	1961	—	—
上原：樹木図説2. イチョウ科（1970）：p.	(1970)	—	—
現地解説板（指定日の値として）	(1975)	555	／
環境庁：日本の巨樹・巨木林（1991）	1988	559	—
（各市町村の報告書、その他）			
著者実測	2000/4	635	＋
（2100年代）			
（2200年代）			

11/03b　岩手県気仙郡住田《スミタ》町世田米　浄福寺

本堂に到る道の左側に、9本のイチョウ並木があり、手前から4本目の木。一番手前には幹周700 cm台の樹がある。

資料名（発行年）	調査年/月	幹周（cm）	図写真
（古資料）			
本多：大日本老樹名木誌（1913）：no.	1912	—	—
三浦ら：日本老樹名木天然記念物（1962）：no.	1961	—	—
上原：樹木図説2. イチョウ科（1970）：p.	(1970)	—	—
環境庁：日本の巨樹・巨木林（1991）	1988	570	—
（各市町村の報告書、その他）			
著者実測	2000/9	600	+
（2100年代）			
（2200年代）			

撮影日：2000.9.15

交　通：大船渡市方向からきた国道107号線と陸前高田市方向からきた国道340号線との合流点から、右側の市街部を抜ける旧道沿いに1.5 km進んで右側。

12/03c　岩手県久慈市宇部町和野地区　小田為綱生誕の地［市天（1993.4.28指定）］

地面から幹上方に向けて、幹芯部に空洞がある（写真 ④）。幹が割裂してできたものらしい。幹上部の支幹は切断されている（写真③）。

資料名（発行年）	調査年/月	幹周（cm）	図写真
（古資料）			
本多：大日本老樹名木誌（1913）：no.	1912	—	—
三浦ら：日本老樹名木天然記念物（1962）：no.	1961	—	—
上原：樹木図説2. イチョウ科（1970）：p.	(1970)	—	—
環境庁：日本の巨樹・巨木林（1991）	1988	650	—
現地解説板（指定日の値として）	(1993)	571	／
（各市町村の報告書、その他）			
著者実測	2001/4	600	+
（2100年代）			
（2200年代）			

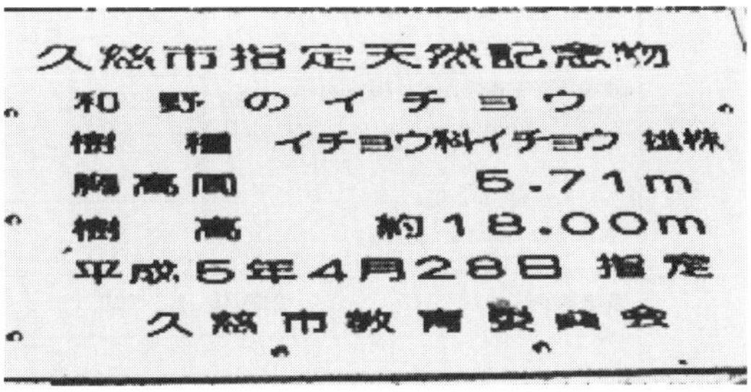

撮影日：2001.4.28

交　通：久慈市街方面から国道45号線を南下、「宇部町」の信号で右折、川を渡った左側。

13/03d 岩手県下閉伊郡山田町大沢　南陽(禅)寺墓地内

世代の違う2本の幹からなる。太い幹の樹肌はイチョウのそれではなく(写真 ③)、鮫肌様。東日本では珍しい。若い世代の幹を抱合する樹形(写真 ④⑤)も珍しい。

撮影日：1999.10.9

交　通：国道45号線→県道41号線→大沢地区の山手側市街部。

資料名(発行年)	調査年/月	幹周(cm)	図写真
(古資料)			
本多：大日本老樹名木誌(1913)：no.	1912	—	—
三浦ら：日本老樹名木天然記念物(1962)：no.	1961	—	—
上原：樹木図説2. イチョウ科(1970)：p.	(1970)	—	—
環境庁：日本の巨樹・巨木林(1991)	1988	主幹 435 705	—
(各市町村の報告書、その他)			
著者実測	1999/10	共通幹周695 (432・263)	+
(2100年代)			
(2200年代)			

14/03e 岩手県大船渡市日頃市《ヒコロイチ》町字長安寺　長安寺門前・右株 [市天]

長安寺境内にあるイチョウ〔市天然記念物〕に行く前に、踏切を横切るとすぐに、道をはさんで2本のイチョウが立つ。ともに市天然記念物であるが、右側がこの樹。きれいな一本木。写真 ① と ② を比べると、半年の間にイチョウを取り巻く環境がこのように激変することが印象的。

撮影日：2001.10.25

交　通：大船渡市街から国道45号線→国道107号線→3kmほど進んで右折、川、踏切を横断、現地に到る。

資料名(発行年)	調査年/月	幹周(cm)	図写真
(古資料)			
本多：大日本老樹名木誌(1913)：no.	1912	—	—
三浦ら：日本老樹名木天然記念物(1962)：no.	1961	—	—
上原：樹木図説2. イチョウ科(1970)：p.	(1970)	—	—
環境庁：日本の巨樹・巨木林(1991)	1988	570	—
(各市町村の報告書、その他)			
著者実測	2001/10	600	+
(2100年代)			
(2200年代)			

15/04a　宮城県柴田郡村田町村田　白鳥神社

［柴田郡村田町（大字）村田[1,2,3]］

根が地面に露出、発達している（写真 ④）。保護手当がよくなされている。

撮影日：1999.4.10

交　通：東北自動車道「村田」IC→県道 14 号（県道 25 号と同走）を柴田町方面へ→両県道が分岐する少し前、左側。

資料名（発行年）	調査年/月	幹周（cm）	図写真
（古資料）			
本多：大日本老樹名木誌（1913）：no.498	1912	606	—
三浦ら：日本老樹名木天然記念物（1962）：no.1212	1961	590	—
上原：樹木図説2. イチョウ科（1970）：p.121	(1970)	600	—
環境庁：日本の巨樹・巨木林（1991）	1988	670	—
（各市町村の報告書、その他）			
著者実測	1999/4	670	＋
（2100年代）			
（2200年代）			

16/04b　宮城県柴田郡川崎町大字本砂金《モトイサゴ》字山崎 46　常正寺跡観音堂

［町天（1985.10.24指定）］

幹下部に裂け目があり、芯部が見える（写真 ③④）。

撮影日：1998.8.27

交　通：山形自動車道「宮城川崎」IC→国道 286 号→国道 457 号沿い、左側。本砂金小学校近傍。

資料名（発行年）	調査年/月	幹周（cm）	図写真
（古資料）			
本多：大日本老樹名木誌（1913）：no.	1912	—	—
三浦ら：日本老樹名木天然記念物（1962）：no.	1961	—	—
上原：樹木図説2. イチョウ科（1970）：p.	(1970)	—	—
環境庁：日本の巨樹・巨木林（1991）	1988	690	—
川崎町の文化財・第 9 集（1996）：p.3	(1996)	610 ♀	＋
（各市町村の報告書、その他）			
著者実測	1999/3	655	＋
（2100年代）			
（2200年代）			

17/04c　宮城県石巻市高木《タカキ》字寺前 50(通称　高木東部)　吉祥寺 [市天(1980.12.10 指定)]

整った 1 本木。短い乳多数(写真 ③)。

撮影日：2001.4.7

交　通：国道 398 号→県道 192 号→高木東部、道路の左側。

資料名(発行年)	調査年/月	幹周(cm)	図写真
(古資料)			
本多：大日本老樹名木誌(1913)：no.	1912	—	—
三浦ら：日本老樹名木天然記念物(1962)：no.	1961	—	—
上原：樹木図説2. イチョウ科(1970)：p.	(1970)	—	—
環境庁：日本の巨樹・巨木林(1991)	1988	620	—
宮城の巨樹古木(1999)：p.96	(1999)	628	+
(各市町村の報告書、その他)			
著者実測	2001/4	640	+
(2100年代)			
(2200年代)			

18/04d　宮城県本吉郡唐桑町字竹の袖　加茂神社

気仙沼市から大船渡市を目指して移動していたとき眼に飛び込んできたこの木は、何故都会ではないこの地で、写真に見られるよう太枝が払われたのか不思議であった。横を通る国道へ落ち葉が落ちないようにする配慮か？　それとも国道整備の障害だったのか？　きれいな 1 本木。

撮影日：2001.4.27

交　通：唐桑町市街から陸前高田市へ向けて国道 45 号線を北上、岩手県との県境に近い左側。

資料名(発行年)	調査年/月	幹周(cm)	図写真
(古資料)			
本多：大日本老樹名木誌(1913)：no.	1912	—	—
三浦ら：日本老樹名木天然記念物(1962)：no.	1961	—	—
上原：樹木図説2. イチョウ科(1970)：p.	(1970)	—	—
環境庁：日本の巨樹・巨木林(1991)	1988	—	—
(各市町村の報告書、その他)			
著者実測	2001/4	630	+
(2100年代)			
(2200年代)			

19/05a　秋田県北秋田郡阿仁町笑内《オカシナイ》　笑内神社［町天］

樹表面に凹凸が多いが(写真 ④)、全体としてはきれいな１本木。

撮影日：1999.5.28

交　通：森吉町から国道 105 号線南下、秋田内陸縦貫鉄道「おかしない」駅近傍、右側。

資料名(発行年)	調査年/月	幹周(cm)	図写真
(古資料)			
本多：大日本老樹名木誌(1913)：no.	1912	—	—
三浦ら：日本老樹名木天然記念物(1962)：no.	1961	—	—
上原：樹木図説2. イチョウ科(1970)：p.	(1970)	—	—
環境庁：日本の巨樹・巨木林(1991)	1988	660	—
(各市町村の報告書、その他)			
著者実測	1999/5	696	＋
(2100年代)			
(2200年代)			

20/05b　秋田県平鹿郡雄物川町西野字樋向《トヨムカイ》　西光寺・奥株

境内には２本のイチョウがある。お寺のある地区は２本の道に囲まれ、この木は田圃に面した道沿いに生育する。

撮影日：2000.5.20

交　通：国道 107 号線を交差して南進する２本の県道、13 号線と 36 号線の中間。

資料名(発行年)	調査年/月	幹周(cm)	図写真
(古資料)			
本多：大日本老樹名木誌(1913)：no.	1912	—	—
三浦ら：日本老樹名木天然記念物(1962)：no.	1961	—	—
上原：樹木図説2. イチョウ科(1970)：p.	(1970)	—	—
環境庁：日本の巨樹・巨木林(1991)	1988	650	—
(各市町村の報告書、その他)			
著者実測	2000/5	675	＋
(2100年代)			
(2200年代)			

21/05c 秋田県平鹿郡大森町板井田(通称 百目木《ドウメキ》) 岸氏敷地内 [町天]

根元から4〜5 mの高さまで、樹肌が鮫肌(写真 ②〜④)で、かつ根元から着生木が並行して伸びている(写真 ①④)特異な木。

撮影日: 1998.10.24

交　通:秋田自動車道「大曲」IC→国道105号線→県道71号線→県道36号線、秋田自動車道をくぐり約2 km南下、右折。

資料名(発行年)	調査年/月	幹周(cm)	図写真
(古資料)			
本多:大日本老樹名木誌(1913):no.	1912	—	—
三浦ら:日本老樹名木天然記念物(1962):no.	1961	—	—
上原:樹木図説2. イチョウ科(1970):p.	(1970)	—	—
環境庁:日本の巨樹・巨木林(1991)	1988	630	—
(各市町村の報告書、その他)			
著者実測	2000/5	620	+
(2100年代)			
(2200年代)			

22/05d 秋田県本荘市猟師町20 超光寺 [市天]

きれいな1本木。太い枝が放射状に空に向いて伸びる樹形(写真 ①)と、乳が地面に近い高さにできている(写真 ③)のが特徴。

撮影日: 1998.7.28

交　通:国道7号線→国道107号線→上記へ。

資料名(発行年)	調査年/月	幹周(cm)	図写真
(古資料)			
本多:大日本老樹名木誌(1913):no.	1912	—	—
三浦ら:日本老樹名木天然記念物(1962):no.	1961	—	—
上原:樹木図説2. イチョウ科(1970):p.	(1970)	—	—
環境庁:日本の巨樹・巨木林(1991)	1988	575	—
(各市町村の報告書、その他)			
著者実測	2000/11	615	+
(2100年代)			
(2200年代)			

23/05e 秋田県大館市芦田子（通称 賽《サイ》の神） 地区共有地内

太いものから細いものまで、多数のひこばえ（写真 ④⑤）を持つ木。上部の枝に折損が少ない（写真 ①）。

資料名（発行年）	調査年/月	幹周（cm）	図写真
（古資料）			
本多：大日本老樹名木誌（1913）：no.	1912	—	—
三浦ら：日本老樹名木天然記念物（1962）：no.	1961	—	—
上原：樹木図説2. イチョウ科（1970）：p.	(1970)	—	—
環境庁：日本の巨樹・巨木林（1991）	1988	600	—
（各市町村の報告書、その他）			
著者実測	2000/5	600	＋
（2100年代）			
（2200年代）			

撮影日：2000.5.2

交　通：国道 7 号線→県道 2 号線→小坂鉄道を横断して上記へ。

24/05f 秋田県山本郡二ッ井町仁鮒字坊中 147 銀杏山神社・連理左株 ［県天（1955.1.24 指定）］

この神社には、天然記念物のイチョウが 3 本ある。本堂左の谷間の底に最も太いイチョウ、それより少し先に連理のイチョウが 2 本並ぶ。これは連理の左株。まわりに、何本もの若い萌芽がある。菅江真澄[44]が、この木を記録し、絵を残している。

資料名（発行年）	調査年/月	幹周（cm）	図写真
（古資料）菅江：みかべのよろい（1805）	1805	約 900	＋
本多：大日本老樹名木誌（1913）：no.	1912	—	—
三浦ら：日本老樹名木天然記念物（1962）：no.1286	1961	550	—
上原：樹木図説2. イチョウ科（1970）：p.119	(1970)	550	—
環境庁：日本の巨樹・巨木林（1991）	1988	510	—
（各市町村の報告書、その他）			
著者実測	2000/5	600・α	＋
（2100年代）			
（2200年代）			

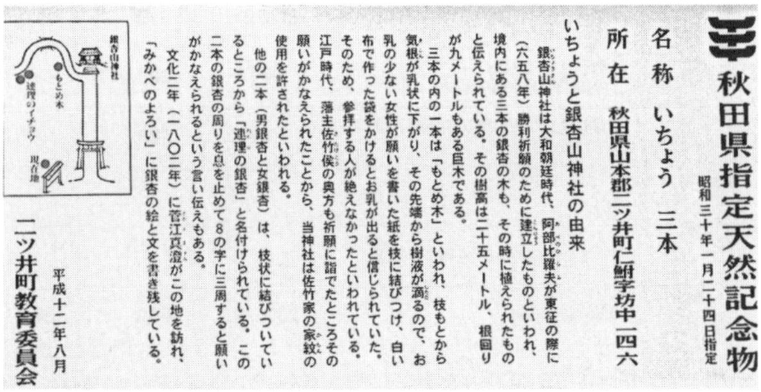

撮影日：2001.10.25

交　通：国道 7 号線→県道 203 号線→「銀杏橋」を渡って左折、道沿い右側。

25/06b　山形県東田川郡藤島町柳久瀬《ヤナクセ》　皇太神社［町天(1988.2.1 指定)］

杉に囲まれた環境のため、枝は空に向かって直伸する(写真①)。きれいな1本木。

資料名(発行年)	調査年/月	幹周(cm)	図写真
(古資料)			
本多:大日本老樹名木誌(1913):no.	1912	—	—
三浦ら:日本老樹名木天然記念物(1962):no.	1961	—	—
上原:樹木図説2. イチョウ科(1970):p.	(1970)	—	—
現地解説板(指定日の値として)	(1988)	572	／
環境庁:日本の巨樹・巨木林(1991)	1988	585	—
(各市町村の報告書、その他)			
著者実測	2000/11	650	+
(2100年代)			
(2200年代)			

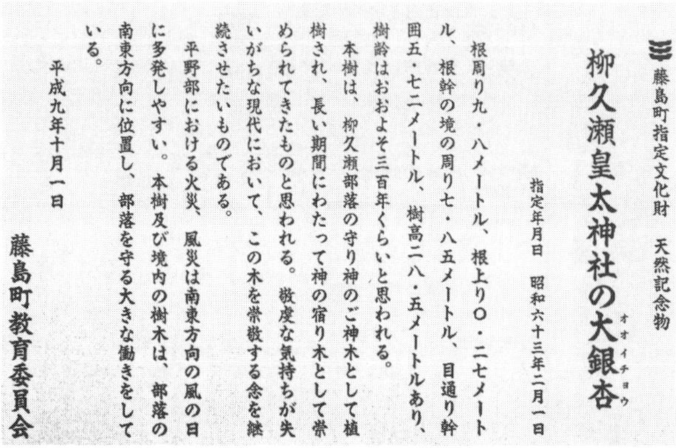

撮影日：2000.11.3

交　通：国道 112 号線→国道 345 号線→柳久瀬集落へ。

26/06c　山形県長井市横町 14-8　遍照《ヘンジョウ》寺［市天］

［西置賜郡長井村大字宮[1]；長井市宮字寺東[2, 3]］

枝の多くは、過去に折損したものが多く(写真 ①③)、主幹(写真 ④)、枝(写真 ③)の両方に乳が伸びている。

資料名(発行年)	調査年/月	幹周(cm)	図写真
(古資料)			
本多:大日本老樹名木誌(1913):no.496	1912	606	—
三浦ら:日本老樹名木天然記念物(1962):no.1199	1961	606	—
上原:樹木図説2. イチョウ科(1970):p.123	(1970)	610	—
現地解説板(指定当時の値として)	?	620	／
環境庁:日本の巨樹・巨木林(1991)	1988	620	—
(各市町村の報告書、その他)			
著者実測	2000/8	640	+
(2100年代)			
(2200年代)			

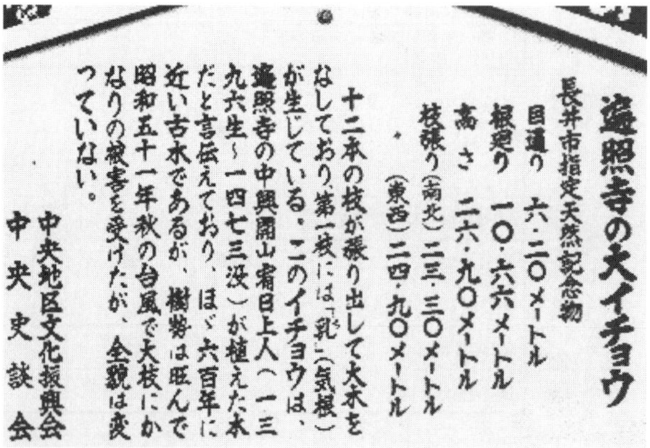

撮影日：2000.8.25

交　通：国道 287 号線→県道 9 号線→上記へ。

27/06d 山形県西置賜郡小国町市野々　飛泉寺跡［町天(1983.6 指定)］

1998 年 8 月、初めてこの木の調査に行ったとき、すでにダム建設の準備が始まっていた。住民はすでに移住したとのことだった。原野となった寺跡に 1 本立つイチョウの運命を案じた。日本の他で行われた工事例を考えれば、この木の運命は予測がつく。2 年後の 2000 年 8 月再訪(写真 ③)。依然、原野の中に1本ぽつんと立っていた。2001 年 4 月再び訪れると、写真 ①(ただし、この写真は 2002 年 4 月に撮影)の姿だった。移植工事が始まっていた。たとえようもない清々しい喜び。巨木イチョウの移植について、日比谷公園の「首かけイチョウ」がこれまで最大の例であろうがそれを越える移動のドラマが進行中(2002.11.1)。

撮影日：2000.8.25

交　通：国道 113 号線→県道 8 号線→8 号線と県道 15 号線との合流点。

資料名(発行年)	調査年/月	幹周(cm)	図写真
(古資料)			
本多：大日本老樹名木誌(1913)：no.	1912	—	—
三浦ら：日本老樹名木天然記念物(1962)：no.	1961	—	—
上原：樹木図説2. イチョウ科(1970)：p.	(1970)	—	—
環境庁：日本の巨樹・巨木林(1991)	1988	710	—
(各市町村の報告書、その他)			
著者実測	2000/8	600	+
(2100年代)			
(2200年代)			

28/06e 山形県東田川郡立川町科沢《シナザワ》　国有地内
妹沢のイチョウ

1998 年 10 月、初めてこの木を訪問。周りは工事区域内となり、緑の中の沢筋にあるらしく、木の同定もできなかった。2001 年 11 月再訪。立谷沢川の対岸から、集落の人から遠くを指して教えられる(写真 ② 中央)。接近を試みたが、雨と緑深い沢筋のため登り口がわからず、断念。2002 年 4 月、芽吹き直前に再々訪。沢筋を流れる川の対岸に沿った道を発見。ようやく、その姿を見た(写真 ①③④)。

交　通：国道 47 号線→県道 45 号線→立谷沢川の橋を渡る直前、川筋に沿って 500 m くらい直進左、沢筋の川に沿い 300 m くらい登った右側。または国道 112 号線→県道 47 号線→県道 45 号線→立谷沢川の橋を渡り右側。川筋に沿って、以下同じ。

資料名(発行年)	調査年/月	幹周(cm)	図写真
(古資料)			
本多：大日本老樹名木誌(1913)：no.	1912	—	—
三浦ら：日本老樹名木天然記念物(1962)：no.	1961	—	—
上原：樹木図説2. イチョウ科(1970)：p.	(1970)	—	—
環境庁：日本の巨樹・巨木林(1991)	1988	635	—
(各市町村の報告書、その他)			
著者実測		未測定	+
(2100年代)			
(2200年代)			

29/06a 山形県天童市小関北畑　押野氏敷地内

5本の幹からなり、根元で合体したように見えるが、確定的なことはいえない。2本の幹については、ギンナンが確認できたが他については精査が必要。雌雄混生の可能性も考えられる。

資料名(発行年)	調査年/月	幹周(cm)	図写真
(古資料)			
本多:大日本老樹名木誌(1913):no.	1912	—	—
三浦ら:日本老樹名木天然記念物(1962):no.	1961	—	—
上原:樹木図説2. イチョウ科(1970):p.	(1970)	—	—
環境庁:日本の巨樹・巨木林(1991)	1988	580	—
(各市町村の報告書、その他)			
著者実測	2000/8	共通幹周 650〜700(5α)	+
(2100年代)			
(2200年代)			

交　通:国道13号線→県道23号線→JR奥羽本線を越えて右手方向。県道23号線と110号線の間の住宅地域。

30/07a 福島県耶麻郡猪苗代町(大字)関都字都沢　地蔵堂
[町天(1985.3.28指定);緑の文化財(第350号)]

立派な1本木であるが、太い枝の上部は切断され、そこから無数の枝が伸びる。冬季に見る樹形は、夏の姿と打って変わって、異様ともいえる迫力を示す。

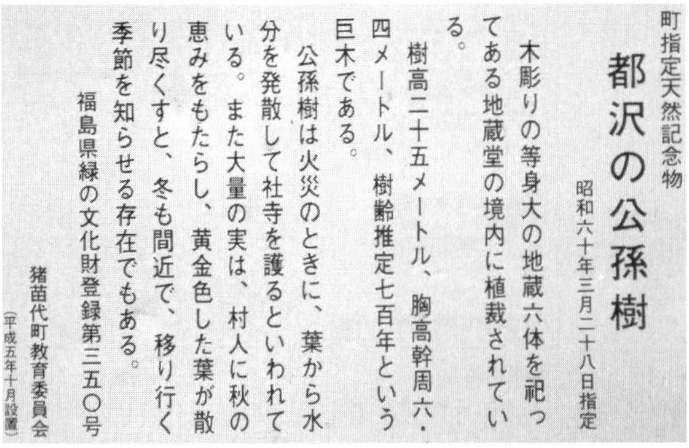

町指定天然記念物
都沢の公孫樹
昭和六十年三月二十八日指定
木彫りの等身大の地蔵六体を祀ってある地蔵堂の境内に植栽されている。
樹高二十五メートル、胸高幹周六・四メートル、樹齢推定七百年という巨木である。
公孫樹は火災のときに、葉から水分を発散して社寺を護るといわれている。また大量の実は、村人に秋の恵みをもたらし、黄金色した葉が散り尽くすと、冬も間近で、移り行く季節を知らせる存在でもある。
福島県緑の文化財登録第三五〇号
猪苗代町教育委員会
(平成五年十月設置)

撮影日: 1998.7.11

交　通:磐越自動車「猪苗代磐梯高原」IC→国道49号線→県道339号線沿い。

資料名(発行年)	調査年/月	幹周(cm)	図写真
(古資料)			
本多:大日本老樹名木誌(1913):no.	1912	—	—
三浦ら:日本老樹名木天然記念物(1962):no.	1961	—	—
上原:樹木図説2. イチョウ科(1970):p.	(1970)	—	—
現地解説板(指定日の値として)	(1985)	640	—
環境庁:日本の巨樹・巨木林(1991)	1988	640	—
会津の巨樹と名木(1990):no.305	(1990)	650 ♀	+
(各市町村の報告書、その他)			
著者実測	2000/11	680	+
(2100年代)			
(2200年代)			

31/07b　福島県二本松市舘野２丁目97　足立氏敷地内［市天(1980.9.16 指定)］

斜面のふちに立つため土が流失し、敷地内に伸びる根が剝き出ている(写真 ④)。しかし、樹姿は力強さを感じさせる。

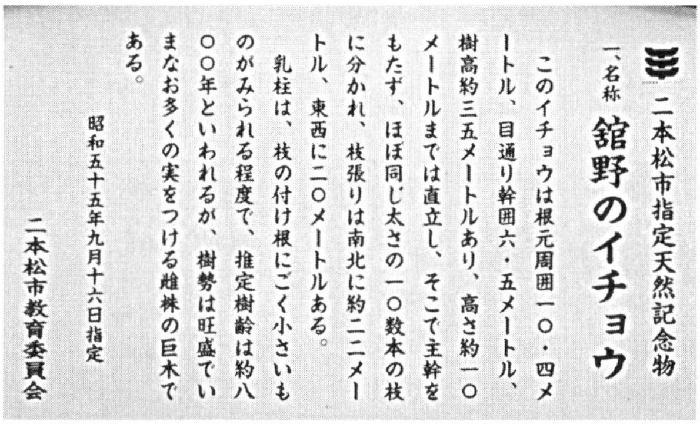
二本松市指定天然記念物
一、名称　舘野のイチョウ
このイチョウは根元周囲一〇・四メートル、目通り幹囲六・五メートル、樹高約三五メートルあり、高さ約一〇メートルまでは直立し、そこで主幹をもたず、ほぼ同じ太さの一〇数本の枝に分かれ、枝張りは南北に約二二メートル、東西に二〇メートルある。
乳柱は、枝の付け根にごく小さいものがみられる程度で、推定樹齢は約八〇〇年といわれるが、樹勢は旺盛でいまなお多くの実をつける雌株の巨木である。
昭和五十五年九月十六日指定
二本松市教育委員会

撮影日：2000.6.3

交　通：国道 4 号線→県道 368 号線→右手高台。東北自動車道と国道 4 号線との間。

資料名(発行年)	調査年/月	幹周(cm)	図写真
(古資料)			
本多：大日本老樹名木誌(1913)：no.	1912	—	—
三浦ら：日本老樹名木天然記念物(1962)：no.	1961	—	—
上原：樹木図説2. イチョウ科(1970)：p.	(1970)	—	—
現地解説板(指定日の値として)	(1980)	650	／
環境庁：日本の巨樹・巨木林(1991)	1988	690	—
(各市町村の報告書、その他)			
著者実測	2000/6	670	＋
(2100年代)			
(2200年代)			

32/07c　福島県伊達郡梁川町字右城《ウシロ》町81　称名寺［町天］

太枝が切除され、細枝が多数伸びている(写真 ①③)。それらには、上伸するものとしだれるものが混在するのが特徴。

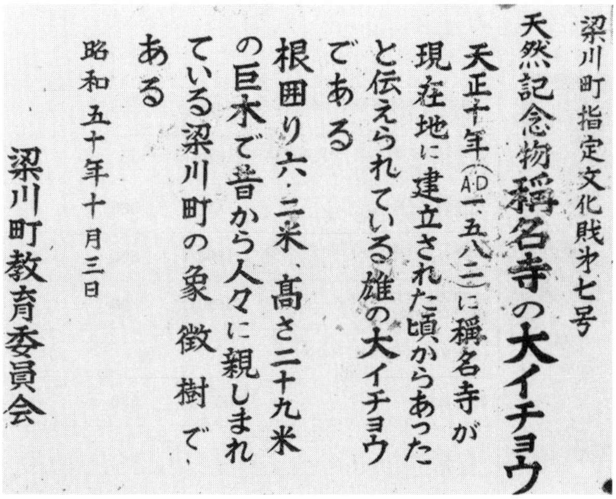
梁川町指定文化財第七号
天然記念物稱名寺の大イチョウ
天正十年(A・D一、五八二)に稱名寺が現在地に建立された頃からあったと伝えられている雄の大イチョウである
根囲り六・二米、高さ二十九米の巨木で昔から人々に親しまれている梁川町の象徴樹である
昭和五十年十月三日
梁川町教育委員会

撮影日：2000.6.3

交　通：国道 349 号線、阿武隈川「梁川橋」際。

資料名(発行年)	調査年/月	幹周(cm)	図写真
(古資料)			
本多：大日本老樹名木誌(1913)：no.	1912	—	—
三浦ら：日本老樹名木天然記念物(1962)：no.	1961	—	—
上原：樹木図説2. イチョウ科(1970)：p.	(1970)	—	—
環境庁：日本の巨樹・巨木林(1991)	1988	590	—
(各市町村の報告書、その他)			
著者実測	2000/6	666	＋
(2100年代)			
(2200年代)			

33/07d 福島県大沼郡三島町大字名入《ナイリ》　諏訪神社［町天(1991.4.1 指定)］
雪見のイチョウ

境内は杉で囲まれているため、このイチョウも天高く伸びる(写真 ①④⑤)。

撮影日：2001.4.13

交　通：国道 252 号線→高清水橋を渡って右折、国道 400 号線に入る。沿線右側。

資料名(発行年)	調査年/月	幹周(cm)	図写真
(古資料)			
本多：大日本老樹名木誌(1913)：no.	1912	—	—
三浦ら：日本老樹名木天然記念物(1962)：no.	1961	—	—
上原：樹木図説2. イチョウ科(1970)：p.	(1970)	—	—
環境庁：日本の巨樹・巨木林(1991)	1988	600	—
会津の巨樹と名木(1990)：no.159	(1990)	550	+
(各市町村の報告書、その他)			
著者実測	2000/8	640	+
(2100年代)			
(2200年代)			

34/07e 福島県大沼郡会津本郷町氷玉《ヒダマ》(通称 福永)　藤巻神社［町天］

夏期の姿からは想いもよらない樹形を、冬季に現す(写真 ①)。乳の形成も考えると、この姿は、これまでこの木の太枝の多くが、何回も損傷を受けたであろうことを示している(写真 ①③⑤)。

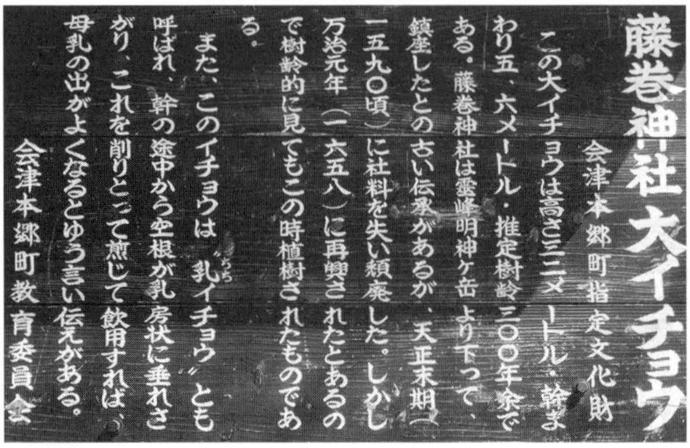

撮影日：2001.3.24

交　通：国道 401 号線→県道 72 号線→県道 23 号線に接続→直進約 1 km先、右折したところ。

資料名(発行年)	調査年/月	幹周(cm)	図写真
(古資料)解説板	1658	0	／
本多：大日本老樹名木誌(1913)：no.	1912	—	—
三浦ら：日本老樹名木天然記念物(1962)：no.	1961	—	—
上原：樹木図説2. イチョウ科(1970)：p.	(1970)	—	—
現地解説板(指定当時の値として)	?	560	／
環境庁：日本の巨樹・巨木林(1991)	1988	590	—
会津の巨樹と名木(1990)：no.140	(1990)	590	+
(各市町村の報告書、その他)			
著者実測	2001/3	630	+
(2100年代)			
(2200年代)			

35/07g 福島県耶麻郡塩川町金橋　金川戸隠神社 [町天(1973.2.4 指定);緑の文化財(第 361 号)]

主幹は比較的きれいな 1 本木。しかし、枝振りは、いわゆるあばれ性(写真 ①③)。

撮影日: 1998.7.11

交　通:国道 121 号線→県道 7 号線→県道 69 号線→右側。

資料名(発行年)	調査年/月	幹周(cm)	図写真
(古資料)			
本多:大日本老樹名木誌(1913):no.	1912	—	—
三浦ら:日本老樹名木天然記念物(1962):no.	1961	—	—
上原:樹木図説2. イチョウ科(1970):p.	(1970)	—	—
環境庁:日本の巨樹・巨木林(1991)	1988	573	—
会津の巨樹と名木(1990):no.231	(1990)	570 ♀	+
(各市町村の報告書、その他)			
著者実測	2000/11	590	+
(2100年代)			
(2200年代)			

36/07h 福島県耶麻郡北塩原村北山字寺の前　大正寺 [緑の文化財(第 359 号)]

周囲の樹木の影響で、天高く伸びた樹形となっている(写真 ①③)。

撮影日: 2001.3.24

交　通:喜多方市から国道 459 号線→県道 69 号線を過ぎて 1 km 弱で左折、左手。

資料名(発行年)	調査年/月	幹周(cm)	図写真
(古資料)			
本多:大日本老樹名木誌(1913):no.	1912	—	—
三浦ら:日本老樹名木天然記念物(1962):no.	1961	—	—
上原:樹木図説2. イチョウ科(1970):p.	(1970)	—	—
環境庁:日本の巨樹・巨木林(1991)	1988	609	—
会津の巨樹と名木(1990):no.332	(1990)	609 ♀	+
(各市町村の報告書、その他)			
著者実測	2001/3	582・97・88	+
(2100年代)			
(2200年代)			

37/07f　福島県いわき市内郷白水町(広畑 219)　願成寺 [市天(1968.12 指定)]

過去に太枝折損のあったことが窺える樹形(写真 ①③)。

撮影日：2001.10.8

交　通：市街を通る旧国道 6 号線→県道 66 号線→すぐJR常磐線跨線橋を渡り、再度すぐに 66 号線を外れ、左折。白水阿弥陀堂へ到る。

資料名(発行年)	調査年/月	幹周(cm)	図写真
(古資料)			
本多：大日本老樹名木誌(1913)：no.	1912	—	—
三浦ら：日本老樹名木天然記念物(1962)：no.	1961	—	—
上原：樹木図説2. イチョウ科(1970)：p.	(1970)	—	—
いわき市の文化財	?	590	
環境庁：日本の巨樹・巨木林(1991)	1988	—	—
(各市町村の報告書、その他)			
著者実測	2001/10	615	+
(2100年代)			
(2200年代)			

38/08a　茨城県取手市本郷 3 丁目 9　東漸寺 [市天(1986.11 指定)]

めかくしイチョウ

根は地表に剝き出(写真 ③)、幹の一部の樹皮は地上部から上に向かって消失し、枯死した木部が剝き出ているが(写真 ①④)、樹勢はよい。

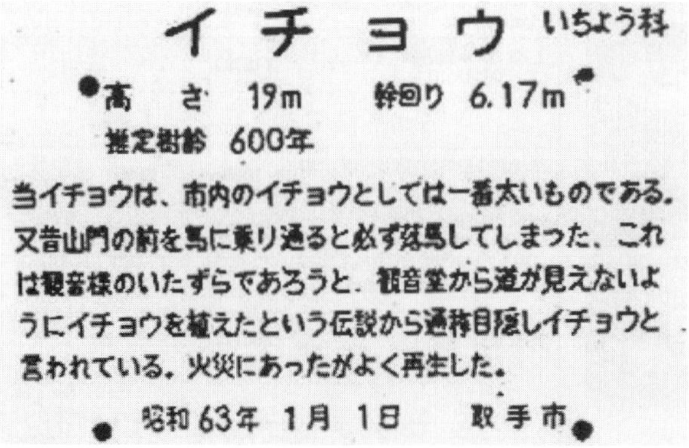

撮影日：1998.8.14

交　通：国道 6 号線→国道 294 号線→上記へ。

資料名(発行年)	調査年/月	幹周(cm)	図写真
(古資料)			
本多：大日本老樹名木誌(1913)：no.	1912	—	—
三浦ら：日本老樹名木天然記念物(1962)：no.	1961	—	—
上原：樹木図説2. イチョウ科(1970)：p.	(1970)	—	—
現地解説板(指定日の値として)	(1986)	617	／
環境庁：日本の巨樹・巨木林(1991)	1988	617	—
(各市町村の報告書、その他)			
著者実測	1999/1	674	+
(2100年代)			
(2200年代)			

39/08c 茨城県鹿島郡大洋村仲居上宿 685-1　照明院/阿弥陀堂
[県天(1967.3.30 指定)]　お葉つき公孫樹

集落内の小さいお堂の前を通る道の横に立っている。お葉つきイチョウで、ゆっくり探すと、枝についているお葉つきギンナンを肉眼でも見られる。

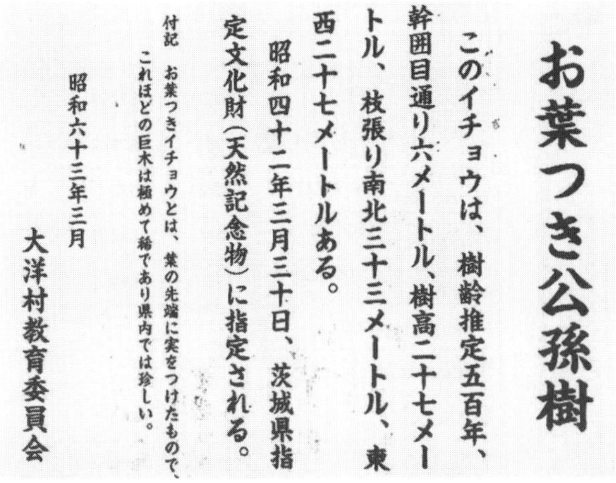

お葉つき公孫樹
このイチョウは、樹齢推定五百年、
幹囲目通り六メートル、樹高二十七メー
トル、枝張り南北三十三メートル、東
西二十七メートルある。
昭和四十二年三月三十日、茨城県指
定文化財(天然記念物)に指定される。
付記　お葉つきイチョウとは、葉の先端に実をつけたもので、
これほどの巨木は極めて稀であり県内では珍しい。
昭和六十三年三月
大洋村教育委員会

撮影日: 2000.10.7

交　通: 国道 354 号線→県道 18 号線を大野村方向へ→約 2 km くらいで(コンビニエンス・ストアを 100 m くらい過ぎて、目印なし)左折、道なりに約 1.5 km、左手。

資料名(発行年)	調査年/月	幹周(cm)	図写真
(古資料)			
本多:大日本老樹名木誌(1913):no.	1912	—	—
三浦ら:日本老樹名木天然記念物(1962):no.	1961	—	—
上原:樹木図説2. イチョウ科(1970):p.	(1970)	—	—
現地解説板(指定日の値として)	(1967)	600 ♀	—
環境庁:日本の巨樹・巨木林(1991)	1988	612	—
(各市町村の報告書、その他)			
著者実測	2000/1	670	+
山崎:茨城の天然記念物(2002):p.157	(2002)	約 600	+
(2100年代)			
(2200年代)			

40/08d 茨城県水戸市六反田町*　六地蔵寺　[＊旧 常澄村;1992.3 水戸市と合併]
[東茨城郡稲荷村大字六反田[1];東茨城郡常澄村大字六反田[2, 3];常澄村[4]]

幹下部が柱状のきれいな 1 本木。

撮影日: 1999.5.15

交　通: 国道 6 号線→国道 51 号線→「六地蔵寺」の看板で右折。

資料名(発行年)	調査年/月	幹周(cm)	図写真
(古資料)			
本多:大日本老樹名木誌(1913):no.483	1912	667	—
三浦ら:日本老樹名木天然記念物(1962):no.1180	1961	667 ♀	+
上原:樹木図説2. イチョウ科(1970):p.130	(1970)	670	—
			—
環境庁:日本の巨樹・巨木林(1991)	1988	665	—
(各市町村の報告書、その他)			
著者実測	1999/5	660	+
(2100年代)			
(2200年代)			

41/08e 茨城県水戸市八幡町 8-54　白幡山八幡宮［国天(1929.4.2 指定)］

お葉つきイチョウ

きれいな1本木。お葉つきギンナンの発見は、現在はかなり難しいそうである。

撮影日：2000.12.23

交　通：(省略)

資料名(発行年)	調査年/月	幹周(cm)	図写真
(古資料)			
本多：大日本老樹名木誌(1913)：no.	1912	—	—
本田：植物文化財(1957)：p.41	(1957)	576 ♀	—
三浦ら：日本老樹名木天然記念物(1962)：no.1216	1961	576 ♀	+
上原：樹木図説2. イチョウ科(1970)：p.194	(1970)	580	+
沼田：日本天然記念物(1984)：p.78	(1984)	600 ♀	+
環境庁：日本の巨樹・巨木林(1991)	1988	610	
茨城新聞(1998.9.10)	1998		+
著者実測	2000/12	660	+
山崎：茨城の天然記念物(2002)：p.16	(2002)	約 600	+
大貫：日本の巨樹 100 選(2002)：no.24	(2002)	600	+
(2100年代)			
(2200年代)			

42/08f 茨城県那珂郡東海村大字石神　願船寺［村天(1983.4.20 指定)］

［那珂郡石神村大字石神[1]；那珂郡東海村大字石神[2]］

戦火によるといわれる大形の空洞があるが(写真 ①②③)、樹勢はよい。象の足先のような根部(写真 ④)も特徴的。

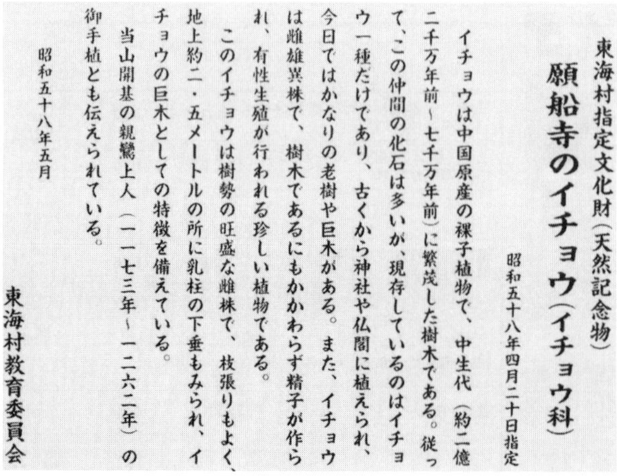

撮影日：1998.8.9

交　通：水戸方面から国道6号線北上→「石神外宿」で右折→1kmくらい先でV字状に左折。

資料名(発行年)	調査年/月	幹周(cm)	図写真
(古資料)			
本多：大日本老樹名木誌(1913)：no.493	1912	606	—
三浦ら：日本老樹名木天然記念物(1962)：no.1198	1961	610	—
上原：樹木図説2. イチョウ科(1970)：p.130	(1970)	610	—
環境庁：日本の巨樹・巨木林(1991)	1988	680	—
(各市町村の報告書、その他)			
著者実測	2000/1	653	+
(2100年代)			
(2200年代)			

43/08h 茨城県ひたちなか市足崎字原 455* 住谷氏敷地内 [市天(1997.3.18 指定)]

[＊旧 勝田市；1994.11 那珂湊市と合併、新設][勝田市[4]]

幹がきれいな 1 本木。上部の枝にも折損が少ない(写真 ①)。

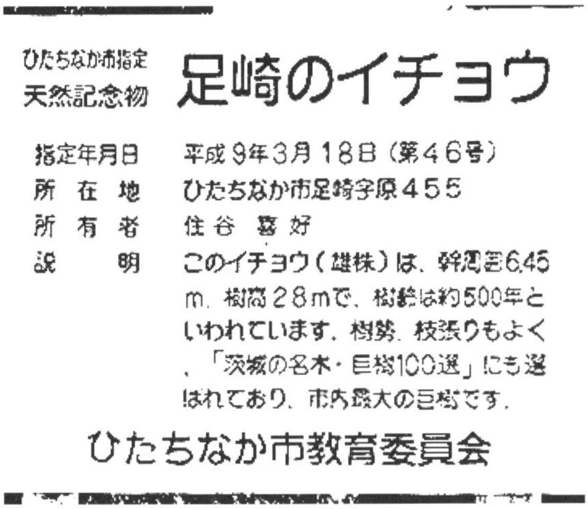

撮影日：1999.8.22

交　通：国道 6 号線「稲田北」で→県道 31 号線→馬頭観音で左に入る。

資料名(発行年)	調査年/月	幹周(cm)	図写真
(古資料)			
本多：大日本老樹名木誌(1913)：no.	1912	—	—
三浦ら：日本老樹名木天然記念物(1962)：no.	1961	—	—
上原：樹木図説2. イチョウ科(1970)：p.	(1970)	—	—
環境庁：日本の巨樹・巨木林(1991)	1988	600	—
現地解説板(指定日の値として)	(1997)	645	／
(各市町村の報告書、その他)			
著者実測	1999/8	644	＋
(2100年代)			
(2200年代)			

44/08i 茨城県古河市本町 2 丁目 15-15 八幡神社 [市天(1974.5.23 指定)]

枝がいつも払われているためか、主幹が直伸。払われた太枝の根元から、それぞれ乳が垂下する(写真 ①③)。これは、枝払いが頻繁に行われる木の特徴でもあり、樹齢の古さとは無関係。多くの場合、自然災害による折損や伐採の結果生じる、特異な樹相。

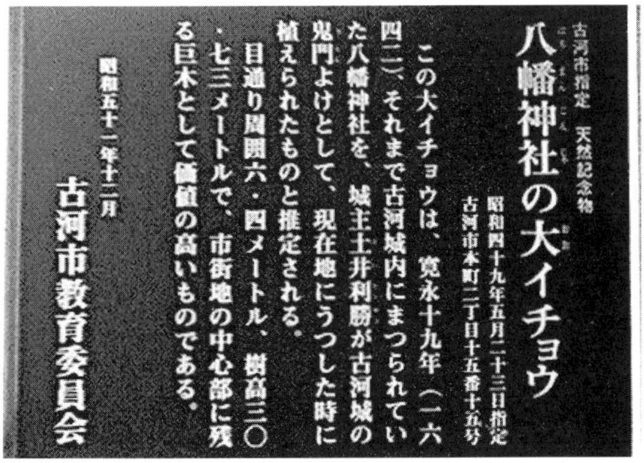

撮影日：1998.8.18

交　通：国道 354 号線とJR東北線の中間。

資料名(発行年)	調査年/月	幹周(cm)	図写真
(古資料)			
本多：大日本老樹名木誌(1913)：no.	1912	—	—
三浦ら：日本老樹名木天然記念物(1962)：no.	1961	—	—
上原：樹木図説2. イチョウ科(1970)：p.	(1970)	—	—
現地解説板(指定日の値として)	(1974)	640	／
環境庁：日本の巨樹・巨木林(1991)	1988	643	—
(各市町村の報告書、その他)			
著者実測	1998/8	643	＋
(2100年代)			
(2200年代)			

45/08k　茨城県常陸太田市瑞龍町 1000　源栄《モトサカ》氏敷地内

枝の切断面は、どんな巨樹・古木の枝でも円いのが通常である。ところが、この木は、主幹を含めて、すべての枝が角張っている特異な性質を持つ(写真 ③)。しかも、主幹の地上 3 m くらいの高さから、放射状に全方向に向けて多数の枝が伸びる樹形も特異で(写真 ④)、類似の木は全国的にみても希有である。サルの腰かけが生えているのも珍しい(写真 ④)。

撮影日：1999.9.25

交　通：国道 349 号線を北上し、左手にある瑞龍小学校の裏。

資料名(発行年)	調査年/月	幹周(cm)	図写真
(古資料)			
本多：大日本老樹名木誌(1913)：no.	1912	—	—
三浦ら：日本老樹名木天然記念物(1962)：no.	1961	—	—
上原：樹木図説2. イチョウ科(1970)：p.	(1970)	—	—
環境庁：日本の巨樹・巨木林(1991)	1988	601	—
(各市町村の報告書、その他)			
著者実測	2000/12	614	+
(2100年代)			
(2200年代)			

46/08m　茨城県那珂郡山方《ヤマガタ》町山方 225(通称　舘)　密蔵院

主幹のみを残して、太枝の根元で払うためか(写真 ②)、そこから出る多数の若萌芽枝によって樹形が長紡錘形。冬季には、夏葉に隠れて見えない短い多数の乳が見える(写真 ④⑤)。

撮影日：2001.2.17

交　通：国道 118 号線→県道 29 号線に入ってすぐ右手の高台。

資料名(発行年)	調査年/月	幹周(cm)	図写真
(古資料)			
本多：大日本老樹名木誌(1913)：no.	1912	—	—
三浦ら：日本老樹名木天然記念物(1962)：no.	1961	—	—
上原：樹木図説2. イチョウ科(1970)：p.	(1970)	—	—
環境庁：日本の巨樹・巨木林(1991)	1988	—	—
(各市町村の報告書、その他)			
著者実測	2001/2	600	+
(2100年代)			
(2200年代)			

47/08b 茨城県行方郡玉造町西蓮寺 504　西蓮寺・1 号株 [県天(1964.7.31 指定)]

主幹が斜傾する特異な樹形(写真 ④)。いろいろな部分に、この木が過去に受けた多くの傷痕が残る。そのことによる乳の形成がある。しかし、夏期にはそれを隠した美しい姿となる。

撮影日: 2002.5.1

交　通: 国道 354 号線→国道 355 号線で麻生町方面へ→ 4 kmほど先、GSで左折、約 1 km。

資料名(発行年)	調査年/月	幹周(cm)	図写真
(古資料)			
本多:大日本老樹名木誌(1913):no.	1912	—	—
三浦ら:日本老樹名木天然記念物(1962):no.	1961	—	—
上原:樹木図説2. イチョウ科(1970):p.	(1970)	—	—
現地解説板(指定日の値として)	(1964)	600	／
環境庁:日本の巨樹・巨木林(1991)	1988	620	—
(各市町村の報告書、その他)			
著者実測	1998/8	673	+
山崎:茨城の天然記念物(2002):p.168	(2002)	約 700	+
(2100年代)			
(2200年代)			

48/08g 茨城県結城郡八千代町八町 149　八町観音 新長谷寺

主幹は三つに分かれ、 真中は折損枯死して空洞になっている(写真 ④)。両側部分は健常に生長している。

撮影日: 2001.11.29

交　通: 国道 125 号線→県道 20 号線→ 50 mくらい先の信号を右折→ 200 m先左折(「八町観音」への指示看板あり)→ 900 m進行、左。

資料名(発行年)	調査年/月	幹周(cm)	図写真
(古資料)			
本多:大日本老樹名木誌(1913):no.	1912	—	—
三浦ら:日本老樹名木天然記念物(1962):no.	1961	—	—
上原:樹木図説2. イチョウ科(1970):p.	(1970)	—	—
環境庁:日本の巨樹・巨木林(1991)	1988	650	—
(各市町村の報告書、その他)			
著者実測	2000/1	650	+
(2100年代)			
(2200年代)			

49/08j　茨城県日立市大久保２丁目2-11　鹿島神社［県天(1969.12.1 指定)］

［多賀郡國分村大字大久保[1]；日立市大久保町[2,3]］　駒つなぎのイチョウ

主幹が傾めに伸びている点が珍しい。過去にかなり重度の折損障害を受けていることが窺われる。

資料名(発行年)	調査年/月	幹周(cm)	図写真
(古資料)			
本多：大日本老樹名木誌(1913)：no.507	1912	473	—
三浦ら：日本老樹名木天然記念物(1962)：no.1213	1961	582	—
上原：樹木図説2. イチョウ科(1970)：p.130	(1970)	580	—
現地解説板(指定日の値として)	(1969)	550 ♂	／
環境庁：日本の巨樹・巨木林(1991)	1988	702	—
(各市町村の報告書、その他)			
著者実測	2000/5	625	＋
山崎：茨城の天然記念物(2002)：p.44	(2002)	約 600	＋
(2100年代)			
(2200年代)			

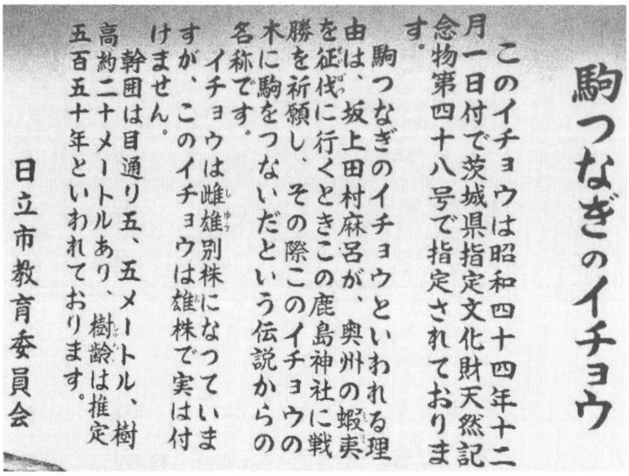

撮影日：2000.5.20

交　通：水戸方面から国道６号線北上、日立市内・大久保３丁目交差点を過ぎて、間もなく左折、右側。

50/09a　栃木県小山市本郷町１丁目1-1　城山公園［市天(1965.12.21 指定)］

何本かの太枝が切られているが(写真 ①②)、手当てがなされている。

資料名(発行年)	調査年/月	幹周(cm)	図写真
(古資料)			
本多：大日本老樹名木誌(1913)：no.	1912	—	—
三浦ら：日本老樹名木天然記念物(1962)：no.	1961	—	—
上原：樹木図説2. イチョウ科(1970)：p.	(1970)	—	—
現地解説板(指定日の値として)	(1965)	600	／
環境庁：日本の巨樹・巨木林(1991)	1988	620	—
(各市町村の報告書、その他)			
著者実測	2000/7	685	＋
(2100年代)			
(2200年代)			

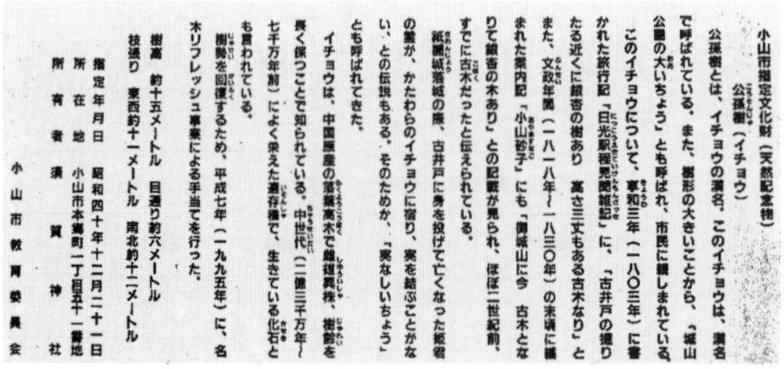

撮影日：1998.8.28

交　通：国道４号線→県道 31 号線→思川・観晃橋手前右。

51/09b　栃木県宇都宮市中央 1 丁目　宇都宮城址の土手 [市天(1957.10.4 指定)]

市中央部に残る、方形に残された宇都宮城の土手(数メートル方形)の上に、交差点を見下ろすように生えている(写真 ①)。幹下半分の枝は払われていて、こぶ状になっているが、全体としては 1 本木。根元近くでも葉が出るので(写真 ④)、将来は樹形がかなりくずれるかもしれない。

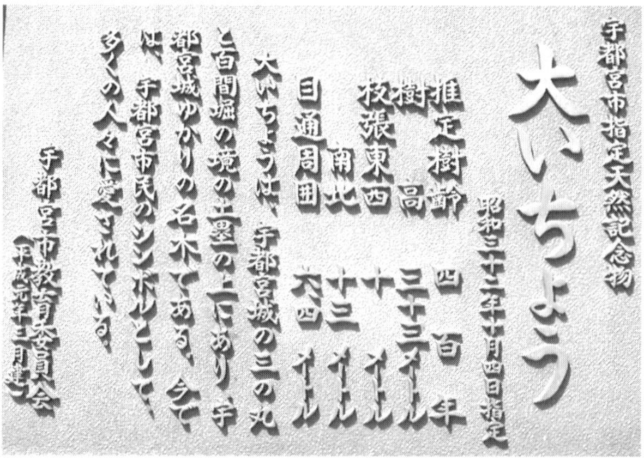

撮影日: 2000.8.9

交　通:(省略)

資料名(発行年)	調査年/月	幹周(cm)	図写真
(古資料)			
本多:大日本老樹名木誌(1913):no.	1912	—	—
現地解説板(指定日の値として)	(1957)	640	／
三浦ら:日本老樹名木天然記念物(1962):no.	1961	—	—
上原:樹木図説2. イチョウ科(1970):p.	(1970)	—	—
環境庁:日本の巨樹・巨木林(1991)	1988	620	—
(各市町村の報告書、その他)			
著者実測	2000/8	640	+
(2100年代)			
(2200年代)			

52/09c　栃木県宇都宮市西刑部《ニシオサカベ》町 1133　成願寺 [市天(1958 指定)]

幹がきれいな 1本木(写真 ④)。乳もいくつか見える(写真 ③ ④)。

撮影日: 2001.1.7

交　通:国道 4 号線と国道 121 号線との交差点から南東約 1 km。

資料名(発行年)	調査年/月	幹周(cm)	図写真
(古資料)			
本多:大日本老樹名木誌(1913):no.	1912	—	—
三浦ら:日本老樹名木天然記念物(1962):no.	1961	—	—
上原:樹木図説2. イチョウ科(1970):p.	(1970)	—	—
環境庁:日本の巨樹・巨木林(1991)	1988	592	—
(各市町村の報告書、その他)			
著者実測	2001/1	630	+
(2100年代)			
(2200年代)			

53/10b 群馬県前橋市本町２丁目 7-2　八幡宮［保存樹木(1976.9.17 指定)］

［前橋市連雀町 28[2, 3]］

太枝の枝払いが頻繁に行われる樹相(写真 ①)。乳は無数(写真 ③④)。

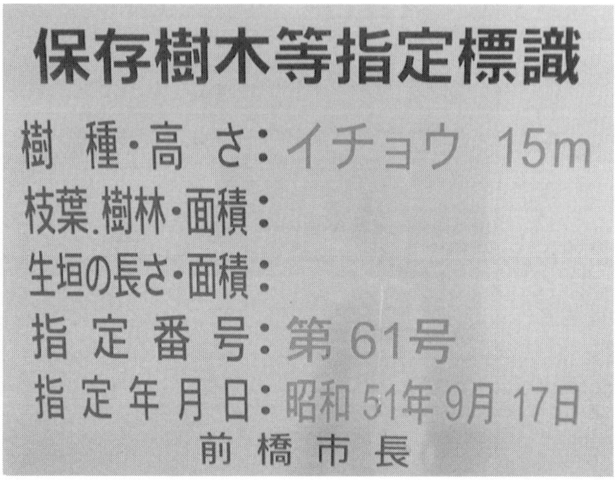

撮影日：2000.6.18

交　通：(省略)

資料名(発行年)	調査年/月	幹周(cm)	図写真
(古資料)			
本多：大日本老樹名木誌(1913)：no.	1912	—	—
三浦ら：日本老樹名木天然記念物(1962)：no.1228	1961	540	—
上原：樹木図説2. イチョウ科(1970)：p.131	(1970)	540 ♂	—
環境庁：日本の巨樹・巨木林(1991)	1988	610	—
ぐんまの巨樹巨木ガイド(1999)：p.48	(1999)	560	+
(各市町村の報告書、その他)			
著者実測	2000/6	650	+
(2100年代)			
(2200年代)			

54/10a 群馬県富岡市上高尾 700　長学寺［市天(1998.6.11 指定)］

虎銀杏

杉林に囲まれた状況に生育するイチョウの典型例のような木。特徴として樹高が高い(写真 ②③)。

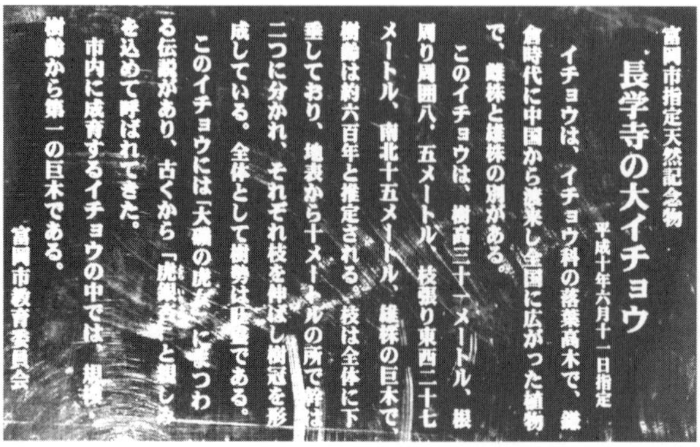

撮影日：2000.7.16

交　通：県道 72 号線→上高尾で数 km 山手側に入る。

資料名(発行年)	調査年/月	幹周(cm)	図写真
(古資料)			
本多：大日本老樹名木誌(1913)：no.	1912	—	—
三浦ら：日本老樹名木天然記念物(1962)：no.	1961	—	—
上原：樹木図説2. イチョウ科(1970)：p.	(1970)	—	—
環境庁：日本の巨樹・巨木林(1991)	1988	625	—
ぐんまの巨樹巨木ガイド(1999)：p.91	(1999)	640	+
(各市町村の報告書、その他)			
著者実測	2000/7	680	+
(2100年代)			
(2200年代)			

55/11a　埼玉県久喜市下清久《シモキヨク》 360　清福寺 ［市天（1973.3.16 指定）］

初めて訪れた 1998 年 9 月には（写真 ②）、この木は写真のような姿（写真 ①）ではなかった。前回訪れた翌日の台風で大枝が折損したためとわかった。屋根に落ちて家を壊す、人に当たって怪我をさせる等々の理由で、市街部や人家に接近して生きることとなったイチョウは、日本中の至る所で、このような姿になることを強制される。しかし、切り倒されるという最悪の結果が避けられたことを喜びたい。他所では、訪れたところ、すでに消えていたという経験を、この数年で何回も経験した。立派な 1 本木。

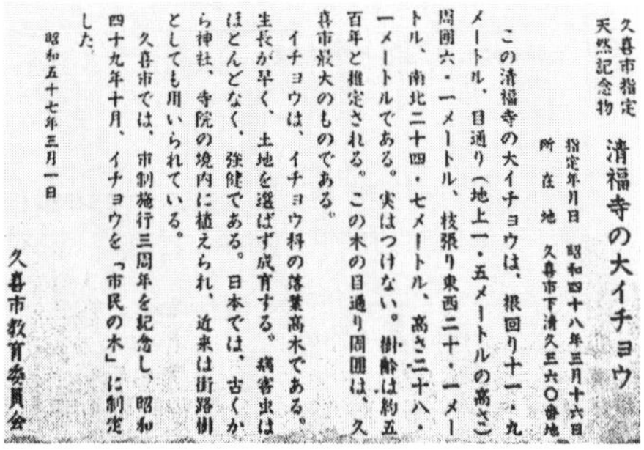

撮影日： 1998.9.6

交　通： 国道 16 号線→県道 12 号線→東北自動車道をくぐって間もなく 12 号は左折。それから右に外れて県道 85 号線直進、左側。バス停「清福寺」。

資料名（発行年）	調査年/月	幹周（cm）	図写真
（古資料）			
本多：大日本老樹名木誌（1913）：no.	1912	—	—
三浦ら：日本老樹名木天然記念物（1962）：no.	1961	—	—
上原：樹木図説2. イチョウ科（1970）：p.	(1970)	—	—
現地解説板（指定日の値として）	(1973)	610	／
環境庁：日本の巨樹・巨木林（1991）	1988	633	—
（各市町村の報告書、その他）			
著者実測	2000/3	685	＋
（2100年代）			
（2200年代）			

56/11b　埼玉県さいたま市南区別所 2 丁目*　真福寺 ［市天（1958.3.31 指定）］

［＊旧 浦和市；2001.5 大宮市、与野市と合併、新設］［浦和市別所 2-5-4[3, 4]］

樹肌はかなりイチョウらしさを失った鮫肌である。また乳や幹表面の凹凸の多さは、この木がいろいろな試練を経てきたことの表徴であろう。着生植物あり。

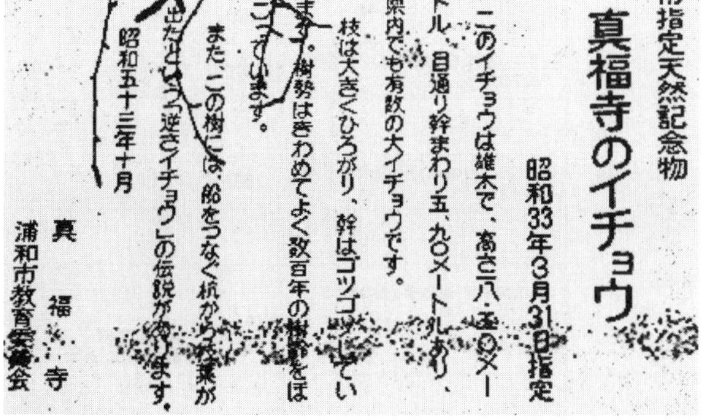

撮影日： 2000.2.26

交　通：「外環浦和」IC → 国道 17 号線を北上→JR武蔵野線を越え、左側。

資料名（発行年）	調査年/月	幹周（cm）	図写真
（古資料）			
本多：大日本老樹名木誌（1913）：no.	1912	—	—
現地解説板（指定日の値として）	(1958)	590	／
三浦ら：日本老樹名木天然記念物（1962）：no.	1961	—	—
上原：樹木図説2. イチョウ科（1970）：p.135	(1970)	590	＋
環境庁：日本の巨樹・巨木林（1991）	1988	585	—
（各市町村の報告書、その他）			
著者実測	2000/2	627	＋
（2100年代）			
（2200年代）			

57/11c　埼玉県北埼玉郡大利根町北大桑 808　香取神社

地表から 140 cm の高さで共通幹周 600 cm。150 cm のところから 2 又分岐しているが、両者の樹肌は明らかに違う（写真 ③）。融合木であろう。

資料名（発行年）	調査年/月	幹周（cm）	図写真
（古資料）			
本多：大日本老樹名木誌（1913）：no.	1912	—	—
三浦ら：日本老樹名木天然記念物（1962）：no.	1961	—	—
上原：樹木図説2. イチョウ科（1970）：p.	(1970)	—	—
環境庁：日本の巨樹・巨木林（1991）	1988	648(2)	—
（各市町村の報告書、その他）			
著者実測	2000/3	共通幹周600（470・180）	+
（2100年代）			
（2200年代）			

撮影日：1998.9.6

交　通：国道 4 号線→国道 125 号線→約 3 km直進、右側。

58/11d　埼玉県北埼玉郡騎西《キサイ》町騎西 552　玉敷神社・本殿左横　［町天（1980 指定）］

地表 50〜60 cm の高さで 3 又分岐。融合木であるらしい。同境内には、この木の数 m 手前左に幹周 500 cm 台のイチョウもある。

資料名（発行年）	調査年/月	幹周（cm）	図写真
（古資料）			
本多：大日本老樹名木誌（1913）：no.	1912	—	—
三浦ら：日本老樹名木天然記念物（1962）：no.	1961	—	—
上原：樹木図説2. イチョウ科（1970）：p.	(1970)	—	—
環境庁：日本の巨樹・巨木林（1991）	1988	580	—
（各市町村の報告書、その他）			
著者実測	2002/1	共通幹周670（3α）	+
（2100年代）			
（2200年代）			

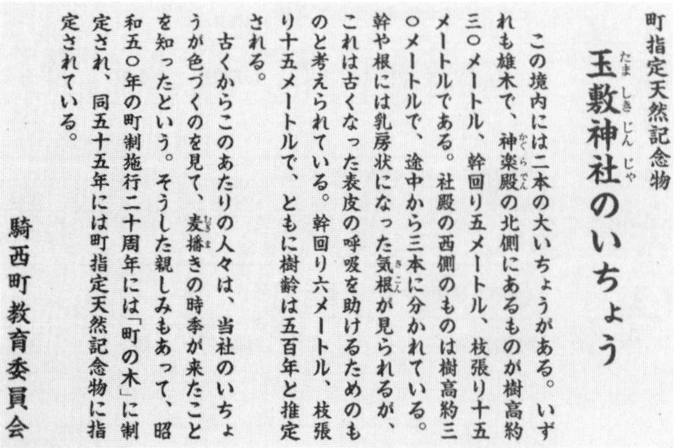
町指定天然記念物
玉《たま》敷《しき》神《じん》社《じゃ》のいちょう
この境内には二本の大いちょうがある。いずれも雄木で、神楽殿《かぐらでん》の北側にあるものが樹高約三〇メートル、幹回り五メートル、枝張り十五メートルである。社殿の西側のものは樹高約三〇メートルで、途中から三本に分かれている。幹や根には乳房状になった気根《きこん》が見られるが、これは古くなった表皮の呼吸を助けるためのものと考えられている。幹回り六メートル、枝張り十五メートルで、ともに樹齢は五百年と推定される。
古くからこのあたりの人々は、当社のいちょうが色づくのを見て、麦播《むぎま》きの時季が来たことを知ったという。そうした親しみもあって、昭和五〇年の町制施行二十周年には「町の木」に制定され、同五十五年には町指定天然記念物に指定されている。
騎西町教育委員会

撮影日：2002.1.14

交　通：国道 122 号線「騎西工業団地」付近。

59/12b　千葉県木更津市茅野683　善雄寺/茅野地区集会所横

幹がきれいな1本木。平坦な広場に成育するため露出根が多少見られる程度(写真 ③)。

撮影日：1998.12.19

交　通：館山自動車「木更津北」IC→国道410号線(久留里街道)を約9km南下→左折。

資料名(発行年)	調査年/月	幹周(cm)	図写真
(古資料)			
本多：大日本老樹名木誌(1913)：no.	1912	—	—
三浦ら：日本老樹名木天然記念物(1962)：no.	1961	—	—
上原：樹木図説2. イチョウ科(1970)：p.	(1970)	—	—
環境庁：日本の巨樹・巨木林(1991)	1988	645	—
(各市町村の報告書、その他)			
著者実測	1998/12	645	+
(2100年代)			
(2200年代)			

60/12c　千葉県我孫子市高野山《コウノヤマ》　香取神社

斜面地に生育し(写真 ⑤)、周囲の木に囲まれているので、夏期には目立たない木である。立派な1本木。この木は雄株であるが、万が一の可能性として、部分的に雌の枝があるかもしれない。人が投げ込んだ可能性も否定できないが、最初に訪問したとき、草むらの中からギンナン1個を見つけた。全国には、1枝が反対の性になっているイチョウが何本かある。

撮影日：2000.2.27

交　通：国道6号線→県道8号線→手賀沼の手前で左折、進行方向左側→「鳥の博物館」の近く。

資料名(発行年)	調査年/月	幹周(cm)	図写真
(古資料)			
本多：大日本老樹名木誌(1913)：no.	1912	—	—
三浦ら：日本老樹名木天然記念物(1962)：no.	1961	—	—
上原：樹木図説2. イチョウ科(1970)：p.	(1970)	—	—
環境庁：日本の巨樹・巨木林(1991)	1988	628	—
(各市町村の報告書、その他)			
著者実測	2000/2	615	+
(2100年代)			
(2200年代)			

61/12d　千葉県市川市押切６丁目　押切稲荷神社

生育場所が極度に狭められた状態にあるため(写真 ④)、全景を１枚の写真におさめることが不可能。ごつごつした樹面は鮫肌(写真 ④⑤)、凹凸が激しい木である。樹姿に、過去の過酷な歴史を示す迫力を感ずる。かっては、海風を直に受けていたのではないだろうか。

撮影日：1998.12.19

交　通：京葉道路「市川」IC→県道 20 号線→約 3 km南下、右折(平行に走る県道 51 号線との中間)。

資料名(発行年)	調査年/月	幹周(cm)	図写真
(古資料)			
本多：大日本老樹名木誌(1913)：no.	1912	—	—
三浦ら：日本老樹名木天然記念物(1962)：no.	1961	—	—
上原：樹木図説2. イチョウ科(1970)：p.	(1970)	—	—
環境庁：日本の巨樹・巨木林(1991)	1988	430	—
(各市町村の報告書、その他)			
著者実測	1998/12	610	＋
(2100年代)			
(2200年代)			

62/12f　千葉県柏市大字名戸ケ谷《ナドガヤ》 1046　法林寺［市天(1966.4.1 指定)］

樹肌がきれいな１本木。主幹の上部が切断されているように見える(写真 ①)。

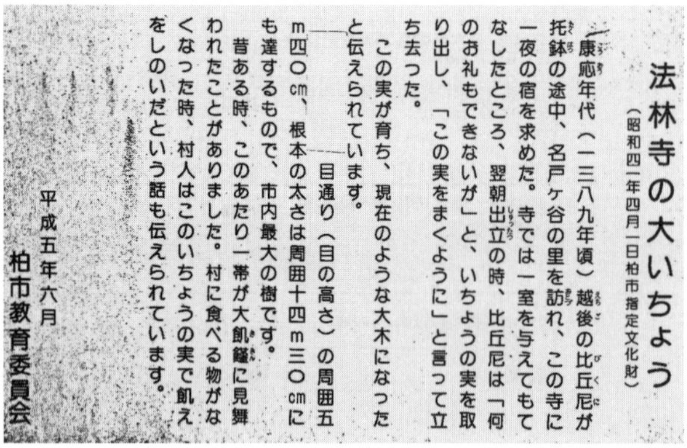

法林寺の大いちょう

(昭和四一年四月一日柏市指定文化財)

康応《こうおう》年代(一三八九年頃)越後《えちご》の比丘尼《びくに》が托鉢《たくはつ》の途中、名戸ケ谷の里を訪《おとず》れ、この寺に一夜の宿を求めた。寺では一室を与えてもてなしたところ、翌朝出立《しゅったつ》の時、比丘尼は「何のお礼もできないが」と、いちょうの実を取り出し、「この実をまくように」と言って立ち去った。

この実が育ち、現在のような大木になったと伝えられています。

目通り(目の高さ)の周囲五m四〇cm、根本の太さは周囲十四m三〇cmにも達するもので、市内最大の樹です。

昔ある時、このあたり一帯が大飢饉に見舞われたことがありました。村に食べる物がなくなった時、村人はこのいちょうの実で飢えをしのいだという話も伝えられています。

平成五年六月

柏市教育委員会

撮影日：2000.2.27

交　通：国道 6 号線→県道 51 号線→県道 282 号線への分岐点を過ぎて、右側。

資料名(発行年)	調査年/月	幹周(cm)	図写真
(古資料)			
本多：大日本老樹名木誌(1913)：no.	1912	—	—
三浦ら：日本老樹名木天然記念物(1962)：no.1226	1961	542	＋
上原：樹木図説2. イチョウ科(1970)：p.132	(1970)	540	—
現地解説板(指定日の値として)	(1966)	540	／
環境庁：日本の巨樹・巨木林(1991)	1988	560	—
(各市町村の報告書、その他)			
著者実測	2000/2	592	＋
(2100年代)			
(2200年代)			

63/12e　千葉県山武《サンブ》郡九十九里町作田818　西明寺跡/公園

すさまじいばかりの着生植物による(写真 ①〜④)被害にあって、息絶え絶えに生き続ける感じのイチョウ。海岸に近いこの地に、このような巨木が生育していること自体が驚きである。寺の境内として守られていたときはさぞかし立派な木であっただろうと、昔が偲ばれる。着生植物があると古さを感じさせるのか、多くの木で、それを取り除くことをしない。しかし、この木のようになるのは危険である。早く取り除いて、蘇生処置をしたいものである。九州には、このような状態の木が多い。この木になるギンナンの表面には、他の木ではめったに見られない斑点状の窪みがある。

撮影日：1998.12.29

交　通：国道126号線→県道25号線→左折して県道122号線→沿線左側。

資料名(発行年)	調査年/月	幹周(cm)	図写真
(古資料)			
本多：大日本老樹名木誌(1913)：no.	1912	—	—
三浦ら：日本老樹名木天然記念物(1962)：no.	1961	—	—
上原：樹木図説2. イチョウ科(1970)：p.	(1970)	—	—
環境庁：日本の巨樹・巨木林(1991)	1988	590	—
(各市町村の報告書、その他)			
著者実測	1998/12	595	＋
(2100年代)			
(2200年代)			

64/12a　千葉県館山市大神宮589　大神宮安房神社

境内の平坦なところに生育しているが、根上がりが顕著な木である(写真 ③④)。また1支幹が切られた切株が見られ(写真 ①)、そこから萌芽が伸びている。これを含めた共通幹周は約652 cm。

撮影日：1999.8.12

交　通：県道410号線→県道257号線への入口近くの左手。

資料名(発行年)	調査年/月	幹周(cm)	図写真
(古資料)			
本多：大日本老樹名木誌(1913)：no.	1912	—	—
三浦ら：日本老樹名木天然記念物(1962)：no.	1961	—	—
上原：樹木図説2. イチョウ科(1970)：p.	(1970)	—	—
環境庁：日本の巨樹・巨木林(1991)	1988	主幹 282 602(3)	—
(各市町村の報告書、その他)			
著者実測	1999/8	共通幹周 652(3α)	＋
(2100年代)			
(2200年代)			

65/13a 東京都千代田区日比谷公園 1-6　日比谷公園・松本楼横

[東京市麴町区日比谷公園[1]]　首かけイチョウ

本多静六博士の尽力で、明治 35 (1902) 年に現在の地に移植された。きれいな 1 本木。単純に計算すると、88 年間に117 cm生長していることになり、1.3 cm/年の生長量ということになる。移植時の根の切断を考慮すると、もっと大きな木に生長していてもおかしくない。

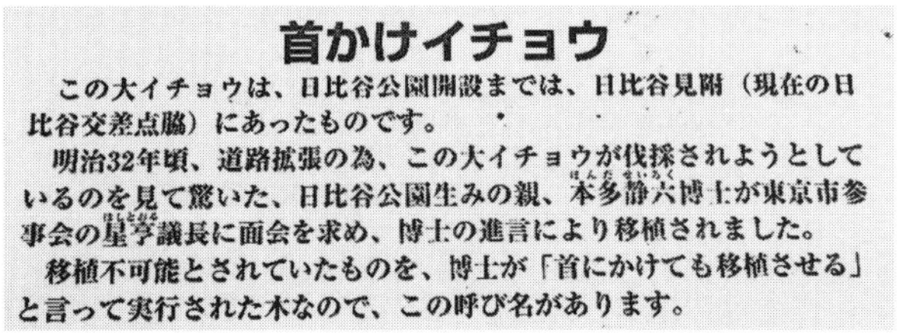
首かけイチョウ
この大イチョウは、日比谷公園開設までは、日比谷見附（現在の日比谷交差点脇）にあったものです。
明治32年頃、道路拡張の為、この大イチョウが伐採されようとしているのを見て驚いた、日比谷公園生みの親、本多静六《ほんだせいろく》博士が東京市参事会の星亨議長に面会を求め、博士の進言により移植されました。
移植不可能とされていたものを、博士が「首にかけても移植させる」と言って実行された木なので、この呼び名があります。

撮影日：1999.8.7

交　通：(省略)

資料名（発行年）	調査年/月	幹周（cm）	図写真
(古資料)			
本多：大日本老樹名木誌 (1913)：no.506	1912	579	+
三浦ら：日本老樹名木天然記念物 (1962)：no.1215	1961	579	+
上原：樹木図説2. イチョウ科 (1970)：p.141	(1970)	600	+
平井：木の辞典 (第 1 集第 7 巻)(1980)	(1980)	—	+
環境庁：日本の巨樹・巨木林 (1991)	1988	644	—
平松：東京・巨樹探訪 (1994)：p.132	(1994)	644	+
(各市町村の報告書、その他)			
著者実測	1999/8	696	+
(2100年代)			
(2200年代)			

66/13b 東京都世田谷区代沢 3 丁目 27-1　森厳寺

境内にある幼稚園の敷地内に生育する。融合樹のように見える。園内への立ち入りが認められず未測定。

撮影日：1999.8.7

交　通：(省略)

資料名（発行年）	調査年/月	幹周（cm）	図写真
(古資料)			
本多：大日本老樹名木誌 (1913)：no.	1912	—	—
三浦ら：日本老樹名木天然記念物 (1962)：no.	1961	—	—
上原：樹木図説2. イチョウ科 (1970)：p.	(1970)	—	—
環境庁：日本の巨樹・巨木林 (1991)	1988	主幹 450 680	—
(各市町村の報告書、その他)			
著者実測		未測定	+
(2100年代)			
(2200年代)			

67/13d 東京都豊島区雑司が谷 3 丁目 15-20　法明寺鬼子母神 [都天(1956.8.21 指定)]

[東京府北豊島郡高田村雑司ヶ谷大字大門[1]; 東京都豊島区雑司が谷町 3-26[2]]

立派な 1 本木。平坦地に生育しているが露出根が発達(写真 ③④)。

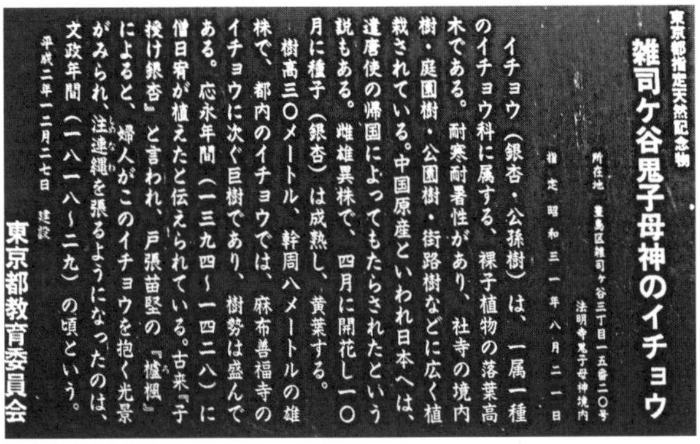

撮影日: 1999.10.16

交　通:(省略)

資料名(発行年)	調査年/月	幹周(cm)	図写真
(古資料)			
本多:大日本老樹名木誌(1913):no.494	1912	606	—
現地解説板(指定日の値として)	(1956)	800 ♂	／
三浦ら:日本老樹名木天然記念物(1962):no.1183	1961	660	—
上原:樹木図説2. イチョウ科(1970):p.140	(1970)	660 ♂	＋
環境庁:日本の巨樹・巨木林(1991)	1988	800	—
平松:東京・巨樹探検(1994):p.112	(1994)	800	＋
毎日新聞(夕刊)1996.3.18	(1996)	800	＋
平岡:巨樹探訪(1999):p.275	(1999)	800	—
著者実測	2001/1	672	＋
(2100年代)			
(2200年代)			

68/13e 東京都港区芝公園 4 丁目 8-10　芝東照宮 [都天(1956.8.21 指定)]

[東京市芝区芝公園[1]; 東京都港区麻布山元町[2]; 港区芝公園 1 号地の 1[3]]

きれいな 1 本木。90 年で 64 cm生長。0.61 cm/年となる。

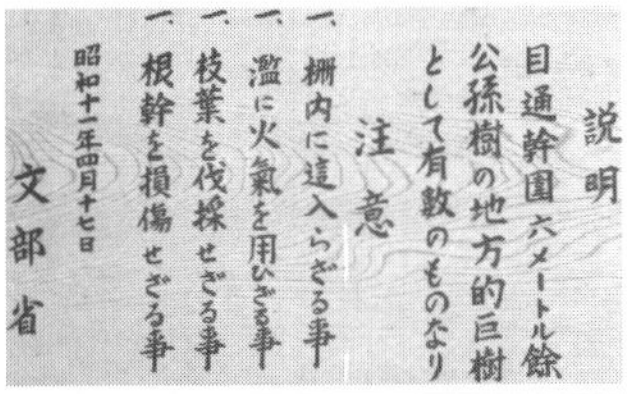

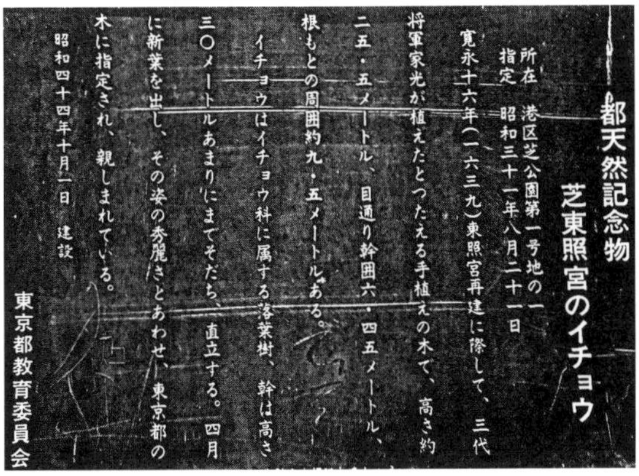

撮影日: 1999.5.8

交　通:(省略)

資料名(発行年)	調査年/月	幹周(cm)	図写真
(古資料)			
本多:大日本老樹名木誌(1913):no.503	1912	606	—
東京府史蹟名勝天然記念物調査(1924)	(1924)	606	＋
現地解説板(指定日の値として)	(1956)	645	／
三浦ら:日本老樹名木天然記念物(1962):no.1195	1961	624	—
上原:樹木図説2. イチョウ科(1970):p.141	(1970)	630	＋
環境庁:日本の巨樹・巨木林(1991)	1988	—	—
平松:東京・巨樹探訪(1994):p.136	(1994)	645	＋
(各市町村の報告書、その他)			
著者実測	2001/1	670	＋
(2100年代)			
(2200年代)			

69/13i　東京都千代田区北の丸公園　武道館前

高い石垣の上にあることにより、土の流出のため、根部が露出している。壮健な１本木。

撮影日： 1999.4.16

交　通：（省略）

資料名（発行年）	調査年/月	幹周（cm）	図写真
（古資料）			
本多：大日本老樹名木誌（1913）：no.	1912	—	—
三浦ら：日本老樹名木天然記念物（1962）：no.	1961	—	—
上原：樹木図説2. イチョウ科（1970）：p.	(1970)	—	—
環境庁：日本の巨樹・巨木林（1991）	1988	600	—
（各市町村の報告書、その他）			
著者実測	1998/11	618	＋
（2100年代）			
（2200年代）			

70/13j　東京都昭島市中神町１丁目12-7　熊野神社［市天（1961.6.1 指定）］

幹がきれいな１本木（写真 ①②）。乳もいくつか見られる（写真④）。

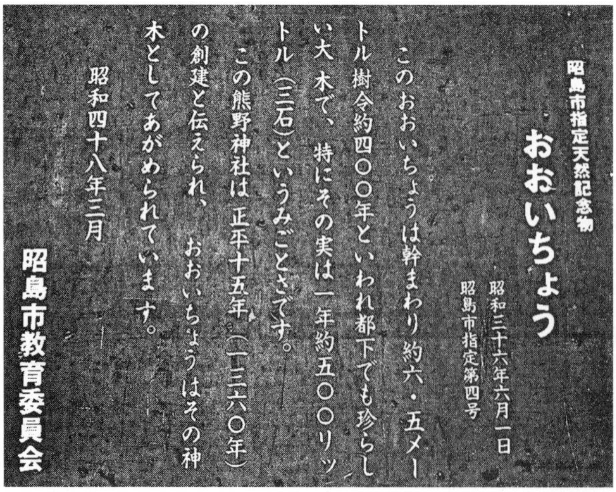

撮影日： 2000.2.19

交　通： 立川方面から五日市街道（7 号線）、「天王橋」交差点で左折→ 59 号線→踏切を越えて 1 km 以内の右手（細い道のため説明不可）、清泉中学近傍。

資料名（発行年）	調査年/月	幹周（cm）	図写真
（古資料）			
本多：大日本老樹名木誌（1913）：no.	1912	—	—
現地解説板（指定日の値として）	(1961)	650	／
三浦ら：日本老樹名木天然記念物（1962）：no.	1961	—	—
上原：樹木図説2. イチョウ科（1970）：p.	(1970)	—	—
環境庁：日本の巨樹・巨木林（1991）	1988	615	—
平松：東京・巨樹探訪（1994）：p.39	(1994)	650	＋
（各市町村の報告書、その他）			
著者実測	2000/2	615	＋
（2100年代）			
（2200年代）			

71/13k　東京都葛飾区新小岩３丁目16-18　福島氏敷地内 [区天(1991.3.25指定)]

太枝の先端部に枯れが見受けられる(写真 ①)が、樹勢は盛んで、立派な木。枝振りはあばれ性(写真 ①③)。乳を多数持つ(写真 ①③④)。

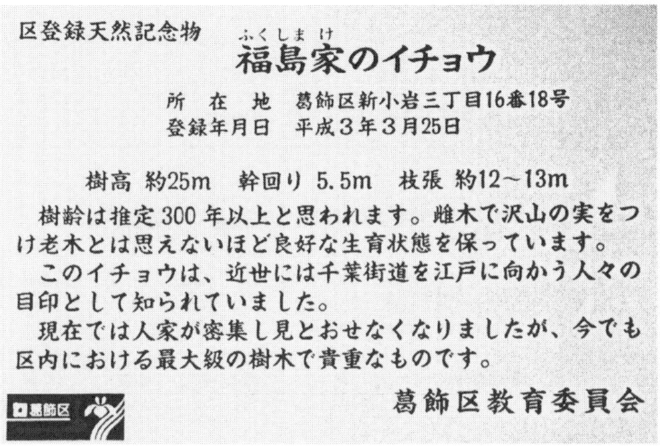
区登録天然記念物
福島家《ふくしまけ》のイチョウ
所　在　地　葛飾区新小岩三丁目16番18号
登録年月日　平成３年３月25日
樹高 約25m　幹回り 5.5m　枝張 約12～13m
樹齢は推定300年以上と思われます。雌木で沢山の実をつけ老木とは思えないほど良好な生育状態を保っています。
このイチョウは、近世には千葉街道を江戸に向かう人々の目印として知られていました。
現在では人家が密集し見とおせなくなりましたが、今でも区内における最大級の樹木で貴重なものです。
葛飾区教育委員会
葛飾区

撮影日：2000.9.9

交　通：国道６号線「本田広小路」で→平和橋通り、小松川に向かう→蔵前通り、JR総武線を交差→間もなく左折。

資料名(発行年)	調査年/月	幹周(cm)	図写真
(古資料)			
本多：大日本老樹名木誌(1913)：no.	1912	—	—
三浦ら：日本老樹名木天然記念物(1962)：no.	1961	—	—
上原：樹木図説2. イチョウ科(1970)：p.	(1970)	—	—
環境庁：日本の巨樹・巨木林(1991)	1988	593	—
現地解説板(指定日の値として)	(1991)	550	／
(各市町村の報告書、その他)			
著者実測	2000/9	594	＋
(2100年代)			
(2200年代)			

72/13n　東京都千代田区永田町2-10-5　日枝神社

日枝神社境内には、少なくとも６本(以上？)のイチョウがある。中でもこの木は、もっとも見つけにくい奥まったところにあるので、夏の緑したたる時期に行くとまわりの緑に隠れて見落とすかもしれない。その区域には立ち入りが許可されなかったので、遠くからしか見ることができなかった。裏手の日比谷高校前から望める。

撮影日：2001.7.7

交　通：(省略)

資料名(発行年)	調査年/月	幹周(cm)	図写真
(古資料)			
本多：大日本老樹名木誌(1913)：no.	1912	—	—
三浦ら：日本老樹名木天然記念物(1962)：no.	1961	—	—
上原：樹木図説2. イチョウ科(1970)：p.	(1970)	—	—
環境庁：日本の巨樹・巨木林(1991)	1988	660	—
(各市町村の報告書、その他)			
著者実測		未測定	＋
(2100年代)			
(2200年代)			

73/13h 東京都台東区浅草２丁目　浅草寺観音堂交番前

［東京市浅草区浅草公園・観音堂前[1]；東京都台東区浅草公園・観音堂前[2]］

現在、交番前に生育するイチョウは大きな傷痕を残し、絶え絶えに生きているような感じすらする。初めてこの木を見たときの衝撃は大きかった。何も遮るもののないところにあるこのイチョウを見る人は見かけない。熾烈な過去を体現しているかに見える現在の姿にも、四季いろいろな（写真 ①②④）変化をみせ、感動を覚える。

撮影日： 1999.2.4

交　通：（省略）

資料名（発行年）	調査年/月	幹周（cm）	図写真
（古資料）			
本多：大日本老樹名木誌（1913）：no.474	1912	758	—
東京府史蹟名勝天然記念物第二冊	1924	606	—
三浦ら：日本老樹名木天然記念物（1962）：no.1218	1961	576	—
上原：樹木図説2. イチョウ科（1970）：p.143	（1970）	700	＋
環境庁：日本の巨樹・巨木林（1991）	1988	主幹 465 636(2)	—
（各市町村の報告書、その他）			
著者実測	1999/10	620	＋
（2100年代）			
（2200年代）			

74/13g 東京都八王子市平町 247　大蔵院［市天（1964.7.23 指定）］

この木を初めて見たときの衝撃は忘れられない。根元から、幹の芯は空洞となり、これまで何度も徹底的な枝払いが施されてきたことを物語る異様ともいえる樹相、上部まで剝けた樹皮。しかし、夏には緑で化粧する（写真 ②）。

撮影日： 2000.2.19

交　通： 昭島市方面から県道 59 号線→「多摩大橋南」で右折→オリンパス前を通過し、坂を上ったところの信号で右折、下ると右側が大蔵院、左側にイチョウ。

資料名（発行年）	調査年/月	幹周（cm）	図写真
（古資料）			
本多：大日本老樹名木誌（1913）：no.	1912	—	—
三浦ら：日本老樹名木天然記念物（1962）：no.	1961	—	—
上原：樹木図説2. イチョウ科（1970）：p.	（1970）	—	—
現地解説板（指定日の値として）	（1964）	600	／
環境庁：日本の巨樹・巨木林（1991）	1988	600	—
（各市町村の報告書、その他）			
著者実測	2000/2	630	＋
（2100年代）			
（2200年代）			

75/13f　東京都港区赤坂６丁目 10-12　氷川神社［区天］

同境内には、少なくても３本のイチョウがある。その中で、この木が最も太く、正面右手の広場のようなところで生育している。主幹は多数の側芽枝で囲まれている。冬季に行くと、大きな傷痕が見えるが(写真 ③)、夏期には葉で化粧してその傷に気づく人は少ない。

資料名(発行年)	調査年/月	幹周(cm)	図写真
(古資料)			
本多：大日本老樹名木誌(1913)：no.	1912	—	—
三浦ら：日本老樹名木天然記念物(1962)：no.	1961	—	—
上原：樹木図説2. イチョウ科(1970)：p.147	(1970)	580	+
環境庁：日本の巨樹・巨木林(1991)	1988	750	—
現地解説板(指定日の値として)	(1994)	750 ♂	／
平松：東京・巨樹探訪(1994)：p.134	(1994)	750	+
(各市町村の報告書、その他)			
著者実測	2001/1	650	+
(2100年代)			
(2200年代)			

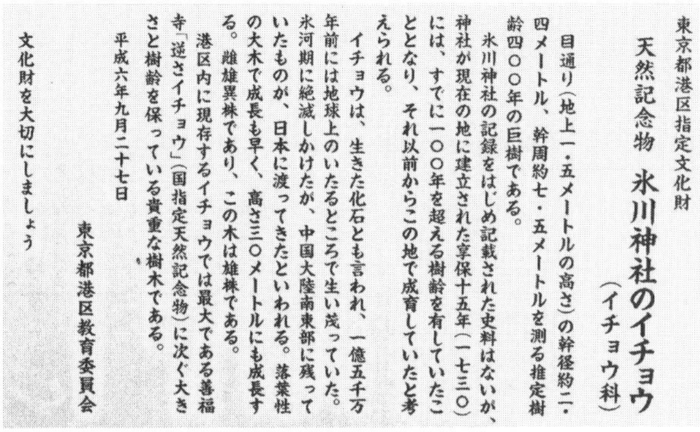

東京都港区指定文化財
天然記念物　氷川神社のイチョウ
（イチョウ科）
目通り（地上一・五メートルの高さ）の幹径約二・四メートル、幹周約七・五メートルを測る推定樹齢四〇〇年の巨樹である。
氷川神社の記録をはじめ記載された史料はないが、神社が現在の地に建立された享保十五年（一七三〇）には、すでに一〇〇年を超える樹齢を有していたこととなり、それ以前からこの地で成育していたと考えられる。
イチョウは、生きた化石とも言われ、一億五千万年前には地球上のいたるところで生い茂っていた。氷河期に絶滅しかけたが、中国大陸南東部に残っていたものが、日本に渡ってきたといわれる。落葉性の大木で成長も早く、高さ三〇メートルにも成長する。雌雄異株であり、この木は雄株である。
港区内に現存するイチョウでは最大である善福寺「逆さイチョウ」（国指定天然記念物）に次ぐ大きさと樹齢を保っている貴重な樹木である。
平成六年九月二十七日
東京都港区教育委員会
文化財を大切にしましょう

撮影日：1999.2.13

交　通：営団地下鉄千代田線「赤坂」駅から徒歩 15 分。

76/13c　東京都大田区西六郷２丁目　個人敷地内［区天(1976.2.25 指定)］

［東京府荏原郡六郷村(大字)古川・安養寺[1, 19]］

東京のイチョウの中でも、最も古くから知られる木である。大正時代(いつ頃までかは未調査)は安養寺境内にあったが、現在は当時の姿(写真 ⑤)[19]の面影を残して(写真 ④⑤)元気に生きている(写真 ①②)。個人の敷地内で護られている。外から眺めるだけにしたい。隣接の古川薬師境内には、「銀杏折取禁制」の碑が建つ。

資料名(発行年)	調査年/月	幹周(cm)	図写真
(古資料)			
本多：大日本老樹名木誌(1913)：no.479	1912	758	—
東京府史蹟名勝天然記念物第二冊	1924	757	+
三浦ら：日本老樹名木天然記念物(1962)：no.	1961	—	—
上原：樹木図説2. イチョウ科(1970)：p.147	(1970)	—	—
環境庁：日本の巨樹・巨木林(1991)	1988	—	—
(各市町村の報告書、その他)			
著者実測	1999/8	600〜700	+
(2100年代)			
(2200年代)			

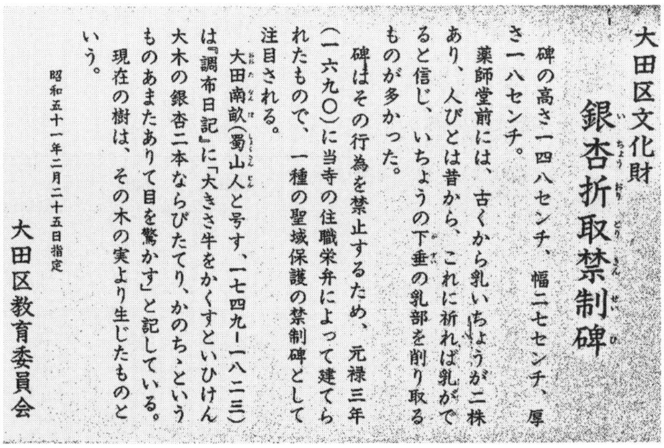

大田区文化財
銀杏《いちょう》折《おり》取《どり》禁《きん》制《せい》碑《ひ》
碑の高さ一四八センチ、幅二七センチ、厚さ一八センチ。
薬師堂前には、古くから乳いちょうが二株あり、人びとは昔から、これに祈れば乳がでると信じ、いちょうの下垂の乳部を削り取るものが多かった。
碑はその行為を禁止するため、元禄三年（一六九〇）に当寺の住職栄弁によって建てられたもので、一種の聖域保護の禁制碑として注目される。
大田南畝（蜀山人《しょくさんじん》と号す、一七四九―一八二三）は『調布日記』に「大きさ牛をかくすといひけんもの大木の銀杏二本ならびたてり、かのち、というあまたありて目を驚かす」と記している。現在の樹は、その木の実より生じたものという。
昭和五十一年二月二十五日指定
大田区教育委員会

撮影日：1999.8.7

交　通：(省略)

77/14a 神奈川県鎌倉市雪ノ下２丁目　鶴岡八幡宮［県天（1955.8.30 指定）］
［鎌倉郡鎌倉町[1]］

三代将軍源実朝が公暁に殺害されたとき（1219 年）、公暁が隠れていたという話でも有名なこの木だが、平成２年の年輪調査の報告によれば[9]、推定樹齢は 500 年前後とされる。上記の話は、江戸時代になってからの創作である[13]。乳がよく発達（写真 ④）。

資料名（発行年）	調査年/月	幹周（cm）	図写真
（古資料）			
本多：大日本老樹名木誌（1913）：no.504	1912	606	＋
三浦ら：日本老樹名木天然記念物（1962）：no.1206	1961	606	—
上原：樹木図説2. イチョウ科（1970）：p.151	(1970)	600 ♂	＋
かながわの名木 100 選（1987）：no.16	(1987)	680	＋
環境庁：日本の巨樹・巨木林（1991）	1988	670	—
牧野：巨樹名木巡り（1989）：p.40	(1989)	700 ♂	＋
渡辺：巨樹巨木（1999）：p.163	(1999)	680	
著者実測		未測定	＋
大貫：日本の巨樹 100 選（2002）：no.36	(2002)	680	＋
（2100年代）			
（2200年代）			

撮影日： 1998.11.14

交　通： JR横須賀線「鎌倉」駅から徒歩 15 分。

78/14b 神奈川県足柄郡松田町寄《ヤドリギ》 42-2547　寄《ヤドリギ》神社［町天（1971.4.1 指定）］

親木が文政６年（1823）に類焼し、その萌芽が生長したものと解説板にある。とすると、177 年で 600 cm 台に生長したことになる。イチョウの生長に適した環境か。

資料名（発行年）	調査年/月	幹周（cm）	図写真
（古資料）解説板	文政６（1823）	0	—
本多：大日本老樹名木誌（1913）：no.504	1912	—	—
三浦ら：日本老樹名木天然記念物（1962）：no.1206	1961	—	—
上原：樹木図説2. イチョウ科（1970）：p.151	(1970)	—	—
現地解説板（指定日の値として）	(1971)	625	／
環境庁：日本の巨樹・巨木林（1991）	1988	625	—
（各市町村の報告書、その他）			
著者実測	2000/2	660	＋
（2100年代）			
（2200年代）			

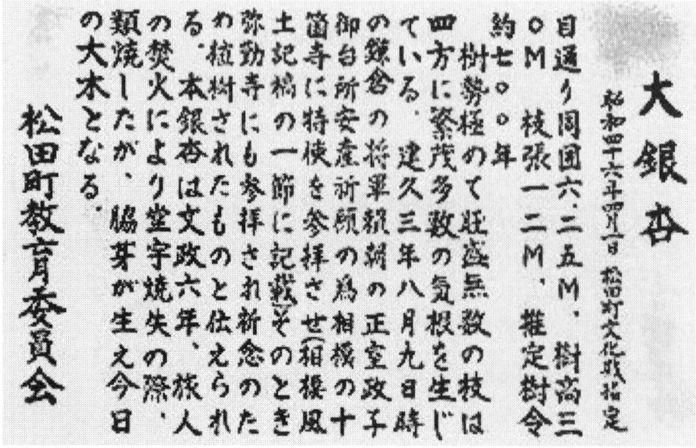

撮影日： 2000.2.12

交　通： 東名高速道路「大井松田」IC→県道 710 号線→寄小・中学校前。

79/14c 神奈川県逗子市沼間 3-10-34　五霊神社 [県天(1984.12)；かながわの名木 100 選]

幹、樹肌がきれいな、立派な 1 本木(写真 ④)。

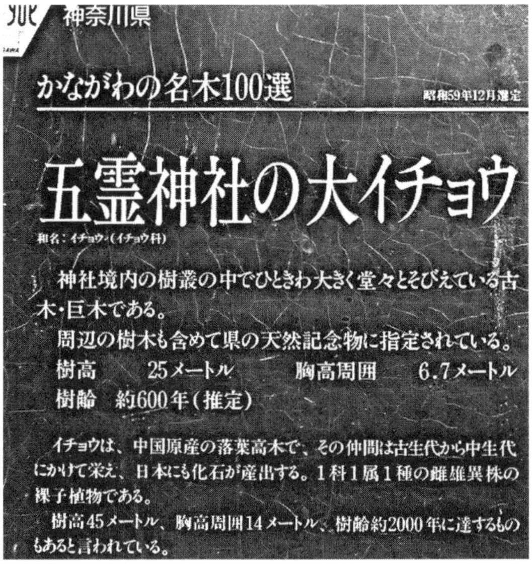

撮影日：2000.1.29

交　通：JR横須賀線「東逗子」駅→県道 24 号線を横須賀方面に徒歩 15 分、右側。

資料名(発行年)	調査年/月	幹周(cm)	図写真
(古資料)			
本多：大日本老樹名木誌(1913)：no.	1912	—	—
三浦ら：日本老樹名木天然記念物(1962)：no.	1961	—	—
上原：樹木図説2. イチョウ科(1970)：p.	(1970)	—	—
かながわの名木 100 選(1987)：no.15	(1987)	670	+
環境庁：日本の巨樹・巨木林(1991)	1988	675	—
現地解説板(指定日の値として)	(1984)	670	／
(各市町村の報告書、その他)			
著者実測	2000/1	646	+
(2100年代)			
(2200年代)			

80/14d 神奈川県平塚市中原 1 丁目 23　慈眼寺 [市天(1982.7.1 指定)]

いわゆる“あばれる”質の木(写真 ①)。堂々たる樹相。乳も多く、それから小枝が出、さらにギンナンもなる(写真 ⑤)非常に貴重な例。傷痕の手当も充分なされている。

撮影日：2000.10.8

交　通：国道 1 号線→県道 61 号線→上記住所へ。

資料名(発行年)	調査年/月	幹周(cm)	図写真
(古資料)			
本多：大日本老樹名木誌(1913)：no.	1912	—	—
三浦ら：日本老樹名木天然記念物(1962)：no.	1961	—	—
上原：樹木図説2. イチョウ科(1970)：p.155	(1970)	580	—
環境庁：日本の巨樹・巨木林(1991)	1988	—	—
(各市町村の報告書、その他)			
著者実測	2000/10	607	+
(2100年代)			
(2200年代)			

81/14e 神奈川県平塚市大神 2764　寄木神社・手前株
[市保全樹木(1976.7.1 指定)]

環境庁(1991 年)[4]の報告書では、この神社に 620 cm、580 cm の 2 本の木がある。現在も 2 本あるが(写真 ①)、600 cm と 295 cm である。ここに収録した木が上記の報告書にあるどちらに相当するか不明。境内には、伐採された株の残痕は見あたらない。市街部に生育する木の宿命として、この木も枝が切り払われている。しかし、きれいな 1 本木。

資料名(発行年)	調査年/月	幹周(cm)	図写真
(古資料)			
本多:大日本老樹名木誌(1913):no.	1912	—	—
三浦ら:日本老樹名木天然記念物(1962):no.	1961	—	—
上原:樹木図説2. イチョウ科(1970):p.157	(1970)	540	—
現地解説板(指定日の値として)	(1976)	560	／
環境庁:日本の巨樹・巨木林(1991)	1988	620 580	—
(各市町村の報告書、その他)			
著者実測	2000/2	600	+
(2100年代)			
(2200年代)			

撮影日: 2002.8.20

交　通:JR東海道線「平塚」駅から「大神行き」バスで 30 分。

82/14f 神奈川県横浜市都筑区池辺町 2827　長王寺
[横浜市名木古木、かながわの名木 100 選(1984.12 選定)]

幹がきれいな 1 本木。枝振りはあばれ性(写真 ①)。

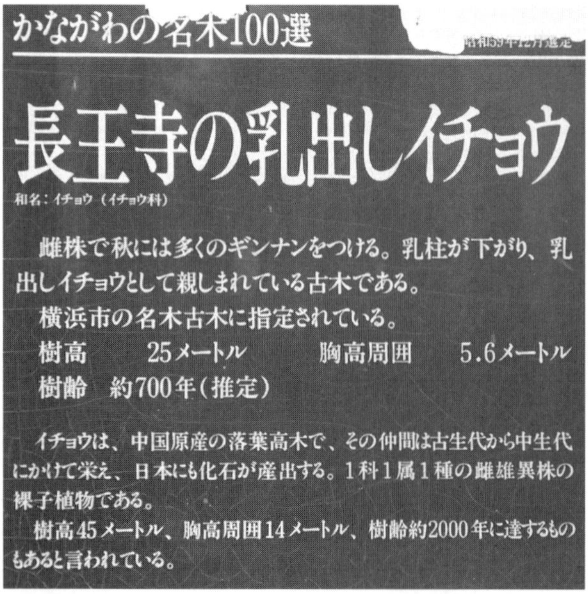

撮影日: 2000.12.9

交　通:県道 12 号線と 45 号線に挟まれた地区。

資料名(発行年)	調査年/月	幹周(cm)	図写真
(古資料)			
本多:大日本老樹名木誌(1913):no.	1912	—	—
三浦ら:日本老樹名木天然記念物(1962):no.	1961	—	—
上原:樹木図説2. イチョウ科(1970):p.	(1970)	—	—
かながわの名木 100 選(1987):no.4	(1987)	560	+
環境庁:日本の巨樹・巨木林(1991)	1988	560	—
(各市町村の報告書、その他)			
著者実測	2000/12	594	+
(2100年代)			
(2200年代)			

83/15a　新潟県北蒲原郡安田町草水《クソウズ》　観音寺 ［町天(1987.12.1 指定)］

多少根上がりしているが(写真 ①③)、幹はきれいな 1 本木(写真 ①)。

撮影日：1998.10.16

交　通：三川村に向かって国道 49 号線、草水で左折、磐越自動車道をくぐるとすぐ。

資料名(発行年)	調査年/月	幹周(cm)	図写真
(古資料)			
本多：大日本老樹名木誌(1913)：no.	1912	—	—
三浦ら：日本老樹名木天然記念物(1962)：no.	1961	—	—
上原：樹木図説2. イチョウ科(1970)：p.	(1970)	—	—
環境庁：日本の巨樹・巨木林(1991)	1988	593	—
(各市町村の報告書、その他)			
著者実測	1999/11	600	+
(2100年代)			
(2200年代)			

84/15b　新潟県中蒲原郡村松町石曽根字熊野堂　熊野堂禅定院

［中蒲原郡菅名村大字石曽根字熊の堂[1]］　権現の公孫樹

根上がり顕著な、きれいな 1 本木。本多(1913)[1]は三丈五尺と記載している。10 m を越える巨樹ということになる。二丈としても 758 cm で、記載の間違いではないかと禅定院で尋ねたが、そのような巨樹があった記録はないという。当時の根回りを記したのか。実視調査をすると、時々あるケース。記載の場所にない場合もある。

交　通：国道 290 号線「村松東小学校」の近く。

資料名(発行年)	調査年/月	幹周(cm)	図写真
(古資料)			
本多：大日本老樹名木誌(1913)：no.442	1912	1061	—
三浦ら：日本老樹名木天然記念物(1962)：no.1225	1961	545	—
上原：樹木図説2. イチョウ科(1970)：p.125	(1970)	550	—
環境庁：日本の巨樹・巨木林(1991)	1988	—	—
(各市町村の報告書、その他)			
著者実測	1999/6	600	+
(2100年代)			
(2200年代)			

85/15c　新潟県糸魚川市山寺 496（根知地区）　金蔵院

幹が二つに割れ、中は空洞。周長 40 cm くらいのサクラが着生している（写真 ③④）。このような太さの着生木をつけたイチョウは全国でも他に例を見ない。また、サクラが着生植物である例も他にない。

資料名（発行年）	調査年/月	幹周（cm）	図写真
（古資料）			
本多：大日本老樹名木誌（1913）：no.	1912	—	—
三浦ら：日本老樹名木天然記念物（1962）：no.	1961	—	—
上原：樹木図説2. イチョウ科（1970）：p.	(1970)	—	—
環境庁：日本の巨樹・巨木林（1991）	1988	600	—
（各市町村の報告書、その他）			
著者実測	1999/7	572	+
（2100年代）			
（2200年代）			

交　通：国道 148 号線→県道 74 号線→山寺へ。

86/16a　富山県西礪波郡福岡町木舟 86　鐘泉寺［町天］

地表から 3 m くらいまで、幹は異形を呈する（写真 ③④）。それに伴い、乳の形も他にあまり例を見ない形状である。それより上部の枝は、のびのびと空に向けて伸びる。この木のように、幹の太さが地表から離れるにつれて太くなるイチョウは全国に数例ある、その一つである。

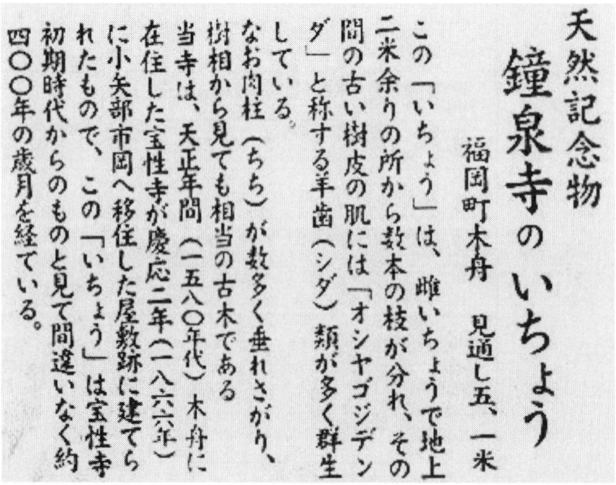
天然記念物
鐘泉寺のいちょう
福岡町木舟　見通し五、一米
この「いちょう」は、雌いちょうで地上
二米余りの所から数本の枝が分れ、その
間の古い樹皮の肌には「オシヤゴジデン
ダ」と称する羊歯（シダ）類が多く群生
している。
なお肉柱（ちち）が数多く垂れさがり、
樹相から見ても相当の古木である
当寺は、天正年間（一五八〇年代）木舟に
在住した宝性寺が慶応二年（一八六六年）
に小矢部市岡へ移住した屋敷跡に建てら
れたもので、この「いちょう」は宝性寺
初期時代からのものと見て間違いなく約
四〇〇年の歳月を経ている。

撮影日：2001.4.30

交　通：能越自動車道「福岡」ICを出て直進、右手前方約 2 km。

資料名（発行年）	調査年/月	幹周（cm）	図写真
（古資料）解説板	1580 代	0	—
本多：大日本老樹名木誌（1913）：no.	1912	—	—
三浦ら：日本老樹名木天然記念物（1962）：no.	1961	—	—
上原：樹木図説2. イチョウ科（1970）：p.	(1970)	—	—
現地解説板（指定当時の値として）	?	510	／
環境庁：日本の巨樹・巨木林（1991）	1988	650	—
（各市町村の報告書、その他）			
著者実測	1999/7	650	+
（2100年代）			
（2200年代）			

87/16b　富山県高岡市伏木古国府《フルコクフ》15　勝興寺・右株

実のらずのイチョウ(2本の1本)

前頁、鐘泉寺のイチョウと共通する逆三角形の幹形状を呈し、その上から枝が数方向に伸びる。しかも、左株より枝張りが横広がり。切断枝の窪みに着生植物が育つ(写真 ③)。小枝の数も少ない、特徴ある樹形。

撮影日：1999.7.4

交　通：国道415号線→県道24号線→約2km先の左側、坂を上ったところ。

資料名(発行年)	調査年/月	幹周(cm)	図写真
(古資料)			
本多：大日本老樹名木誌(1913)：no.	1912	—	—
三浦ら：日本老樹名木天然記念物(1962)：no.	1961	—	—
上原：樹木図説2. イチョウ科(1970)：p.	(1970)	—	—
環境庁：日本の巨樹・巨木林(1991)	1988	620	—
(各市町村の報告書、その他)			
著者実測	2001/4	622	+
(2100年代)			
(2200年代)			

88/16c　富山県高岡市伏木古国府15　勝興寺・左株

実のらずのイチョウ(2本の1本)

太枝が天に向けて直伸的に伸びる、右株とは対照的な樹形。

撮影日：2002.3.18

交　通：前項に同じ。

資料名(発行年)	調査年/月	幹周(cm)	図写真
(古資料)			
本多：大日本老樹名木誌(1913)：no.	1912	—	—
三浦ら：日本老樹名木天然記念物(1962)：no.	1961	—	—
上原：樹木図説2. イチョウ科(1970)：p.	(1970)	—	—
環境庁：日本の巨樹・巨木林(1991)	1988	600	—
(各市町村の報告書、その他)			
著者実測	2001/4	610	+
(2100年代)			
(2200年代)			

89/18a　福井県坂井郡金津町花乃杜《ハナノモリ》１丁目 21　大鳥神社・1 号株［町天］

［坂井郡金津町八日[2,3]；坂井郡金津町北金津[22]］

この神社には、入口左側にもう 1 本イチョウがある。そちらは 2 号株と呼ばれ、細い。この木は社前にあり、2 本の主幹と思われる一方はすでに枯死している（写真 ③④）。

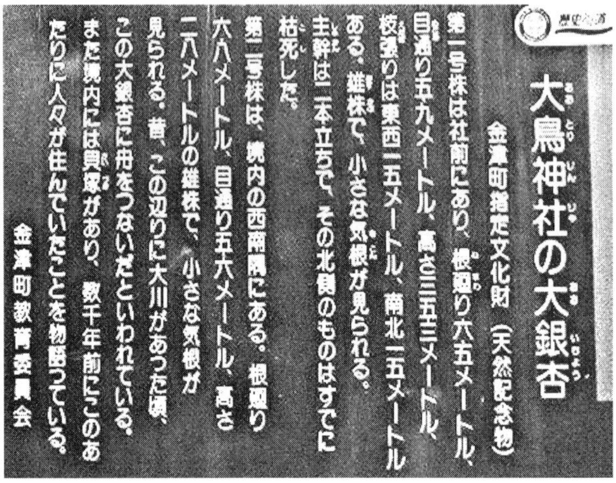

撮影日：2000.7.17

交　通：国道 8 号線→県道 123 号線→JR北陸本線を越え→県道 9 号線に出会う近傍。

資料名（発行年）	調査年/月	幹周（cm）	図写真
（古資料）			
本多：大日本老樹名木誌（1913）：no.	1912	—	—
三浦ら：日本老樹名木天然記念物（1962）：no.1233	1961	515	—
上原：樹木図説2. イチョウ科（1970）：p.162	(1970)	520	—
現地解説板（指定当時の値として）	?	590 ♂	／
環境庁：日本の巨樹・巨木林（1991）	1988	597	—
牧野：巨樹名木巡り（1990）：p.66	(1990)	597	＋
ふくいの巨木（1992）：p.36	(1992)	597	＋
著者実測	2000/7	490・(320枯死)	＋
（2100年代）			
（2200年代）			

90/18b　福井県今立郡今立《イマダテ》町西庄境 9-17　明光寺［県天（1970.5.8 指定）］

解説板には幹周長 550 cm とある。2002 年春の測定値は 584 cm である。32 年で 34 cm 、1.06 cm /年である。妥当な値ではなかろうか。幹は傾斜している（写真 ①②）。上部の枝には、サギ（？）の巣がいくつも作られている。他に例を知らない。カラス、スズメの巣が一つ作られている例はあるが。

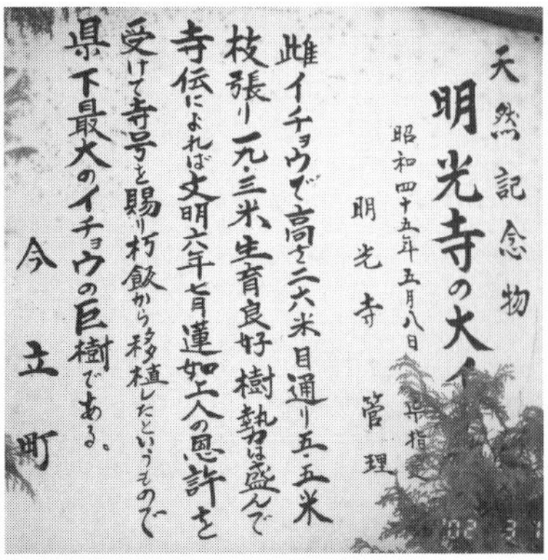

撮影日：2002.3.19

交　通：国道 417 号線→県道 25 号線→県道 193 号線の交差点近く。

資料名（発行年）	調査年/月	幹周（cm）	図写真
（古資料）			
本多：大日本老樹名木誌（1913）：no.	1912	—	—
三浦ら：日本老樹名木天然記念物（1962）：no.	1961	—	—
上原：樹木図説2. イチョウ科（1970）：p.	(1970)	—	—
現地解説板（指定日の値として）	(1970)	550 ♀	／
環境庁：日本の巨樹・巨木林（1991）	1988	565	—
（各市町村の報告書、その他）			
著者実測	2002/3	584	＋
（2100年代）			
（2200年代）			

91/19a 山梨県南巨摩郡身延町下山上沢　上沢寺 [国天(1929.4.2 指定)]

[南巨摩郡下山村[1]；南巨摩郡身延町下山[2]]　毒消公孫樹、お葉つきイチョウ

お葉つきのイチョウが生ずることで有名。筆者が最初に訪れた1974年には、この木の下に行けばいくつも見られた。枝先が一方向に向いているのが特徴(写真 ①)。富士川を挟んだこの木の対岸には、世界で唯1本しか知られていない雄のお葉つき(葯が葉につく)イチョウがある。お葉つきとは、生殖器官が葉につくことをいい、ギンナン(雌の生殖器官)ばかりではない。

資料名(発行年)	調査年/月	幹周(cm)	図写真
(古資料)			
本多：大日本老樹名木誌(1913)：no.488	1912	667 ♀	—
現地解説板(指定日の値として)	(1929)	660 ♀	／
本田：植物文化財(1957)： p.42	(1957)	576 ♀	—
三浦ら：日本老樹名木天然記念物(1962)：no.1217	1961	576 ♀	—
上原：樹木図説2. イチョウ科(1970)：p.	(1970)	—	—
沼田：日本の天然記念物(1984)：p.82	(1984)	630 ♀	＋
環境庁：日本の巨樹・巨木林(1991)	1988	680	—
渡辺：巨樹・巨木(1999)：p.192	(1999)	660	＋
(各市町村の報告書、その他)			
著者実測		未測定	＋
大貫：日本の巨樹 100 選(2002)：no.50	(2002)	576	＋
(2100年代)			
(2200年代)			

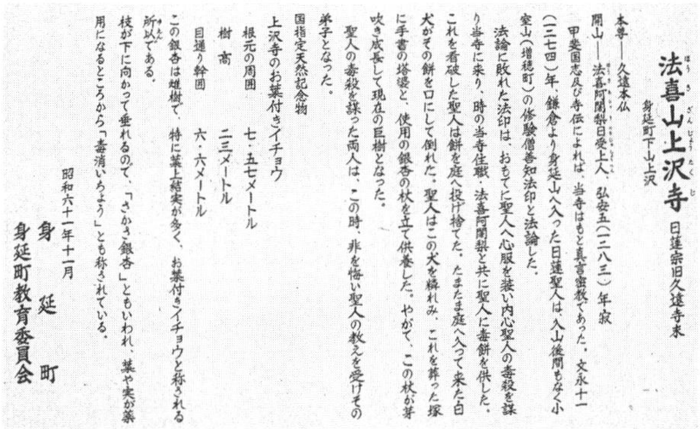

撮影日：2000.12.2

交　通：国道 52 号線と国道 300 号線との合流点。

92/19b 山梨県南巨摩郡南部町内船《ウツブナ》　内船八幡神社 [町天(1972.5.10 指定)]

目だった折損が少ない、きれいな1本木(写真 ①)。数少ないが乳も見られる(写真 ④)。

資料名(発行年)	調査年/月	幹周(cm)	図写真
(古資料)			
本多：大日本老樹名木誌(1913)：no.	1912	—	—
三浦ら：日本老樹名木天然記念物(1962)：no.	1961	—	—
上原：樹木図説2. イチョウ科(1970)：p.	(1970)	—	—
現地解説板(指定日の値として)	(1972)	640 ♂	／
環境庁：日本の巨樹・巨木林(1991)	1988	640	—
(各市町村の報告書、その他)			
著者実測	2000/12	675	＋
(2100年代)			
(2200年代)			

撮影日：2000.12.2

交　通：国道 52 号線→県道 803 号線→富士川を渡って右折。
(内船寺《ナイセンジ》ではないことに注意)

93/19e 山梨県南巨摩郡南部町福士* 池大神［町天(1976.6.10 指定)］

［＊旧 富沢町；2003.3 南部町と合併、新設］

解説板にある(たぶん記念物指定当時の)幹周長が 600 cm、著者の 1999 年の測定値が 624 cm。90 と同様、1.04 cm/年となる。

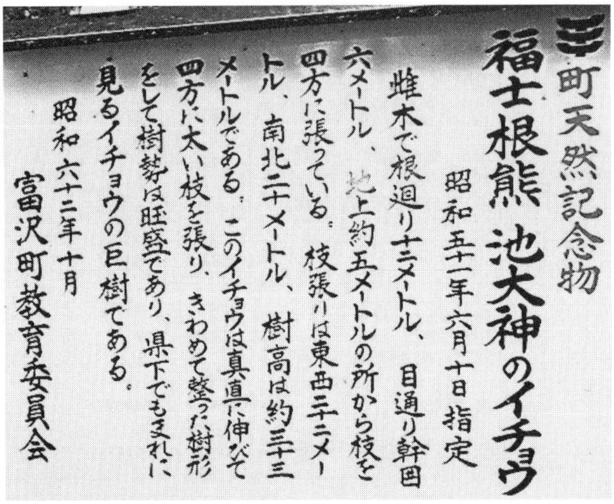

撮影日： 1999.5.22

交　通：国道 52 号線→県道 801 号線→東根熊で左側。

資料名(発行年)	調査年/月	幹周(cm)	図写真
(古資料)			
本多：大日本老樹名木誌(1913)：no.	1912	—	—
三浦ら：日本老樹名木天然記念物(1962)：no.	1961	—	—
上原：樹木図説2. イチョウ科(1970)：p.	(1970)	—	—
現地解説板(指定日の値として)	(1976)	600 ♀	／
環境庁：日本の巨樹・巨木林(1991)	1988	600	—
(各市町村の報告書、その他)			
著者実測	1999/5	624	+
(2100年代)			
(2200年代)			

94/19d 山梨県大月市初狩 自徳寺墓地内

上部の枝に目立った折損が少なく、紡錘状に枝が伸びる特徴(写真 ①)。数本の融合樹の可能性あり。

撮影日： 1999.6.12

交　通：中央自動車道「大月」IC→国道 20 号線→県道 253 号線→JR 中央本線を越えて左手、山の斜面。

資料名(発行年)	調査年/月	幹周(cm)	図写真
(古資料)			
本多：大日本老樹名木誌(1913)：no.	1912	—	—
三浦ら：日本老樹名木天然記念物(1962)：no.	1961	—	—
上原：樹木図説2. イチョウ科(1970)：p.	(1970)	—	—
環境庁：日本の巨樹・巨木林(1991)	1988	630	—
(各市町村の報告書、その他)			
著者実測	2000/9	640	+
(2100年代)			
(2200年代)			

95/19c 山梨県南巨摩郡身延町身延 3610（通称 西谷） 本行坊

根元は、火事で焼けたため反対側が見えるほど（写真 ③④）に空洞化。コンクリート製建造物工事のため根切りされ、数年後に倒壊した天然記念物イチョウの例がある。この木もそうならないことを期待したい。着生植物あり。

資料名（発行年）	調査年/月	幹周（cm）	図写真
（古資料）			
本多：大日本老樹名木誌（1913）：no.	1912	—	—
三浦ら：日本老樹名木天然記念物（1962）：no.	1961	—	—
上原：樹木図説2. イチョウ科（1970）：p.	(1970)	—	—
環境庁：日本の巨樹・巨木林（1991）	1988	625	—
（各市町村の報告書、その他）			
著者実測	2000/12	655	+
（2100年代）			
（2200年代）			

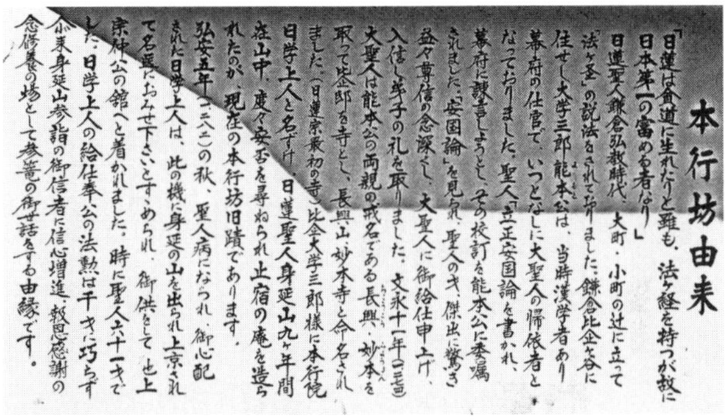

撮影日：2000.12.2

交　通：国道 52 号線→県道 804 号線→現地へ。

96/20a 長野県飯田市正永町２丁目　今村氏敷地内［市天（1972.5.11指定）］
［飯田市大字飯田字正永寺原[2,3]］　正永寺原のイチョウ

この木は雌株であるが、幹上部に雄枝があると今村氏から聞いた。祖父の時代からそれは知っていたという。木に登ってそれを確かめさせてもらった。樹上で気づいたことは、枝の又の窪みにギンナンが落ちていることである。樹上で発芽・生長し、何年か後に本体と一体化してしまえば、枝としか見えなくなるであろう。現在、全国で雌株に雄（枝のようになっているが）が付いていることが知られているのはこの木だけである。

資料名（発行年）	調査年/月	幹周（cm）	図写真
（古資料）			
本多：大日本老樹名木誌（1913）：no.	1912	—	—
三浦ら：日本老樹名木天然記念物（1962）：no.1183	1961	636 ♀	—
上原：樹木図説2. イチョウ科（1970）：p.127	(1970)	640 ♀	—
現地解説板（指定日の値として）	(1972)	610 ♀	—
環境庁：日本の巨樹・巨木林（1991）	1988	650	—
（各市町村の報告書、その他）			
著者実測	1999/5	628（♀＋♂）	
（2100年代）			
（2200年代）			

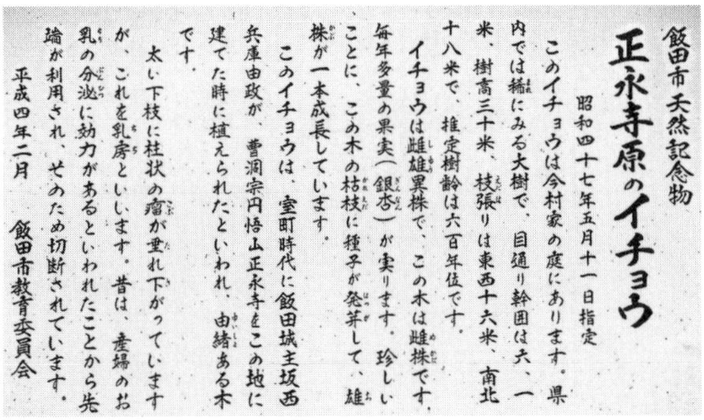

撮影日：1999.8.3

交　通：中央自動車道「飯田」IC→国道 153 号線→県道 8 号線を山手側に進行→西中学校を通過して、正永町 2 丁目（羽場 10 区）へ。

97/20c 長野県南安曇郡豊科町大字豊科（通称 吉野） 荒井農家組合作業所横 [町天]

幹がきれいな柱状の１本木（写真 ②③）。

資料名（発行年）	調査年/月	幹周（cm）	図写真
（古資料）			
本多：大日本老樹名木誌（1913）：no.	1912	—	—
三浦ら：日本老樹名木天然記念物（1962）：no.	1961	—	—
上原：樹木図説2. イチョウ科（1970）：p.	(1970)	—	—
環境庁：日本の巨樹・巨木林（1991）	1988	554	—
（各市町村の報告書、その他）			
著者実測	2001/5	600	＋
（2100年代）			
（2200年代）			

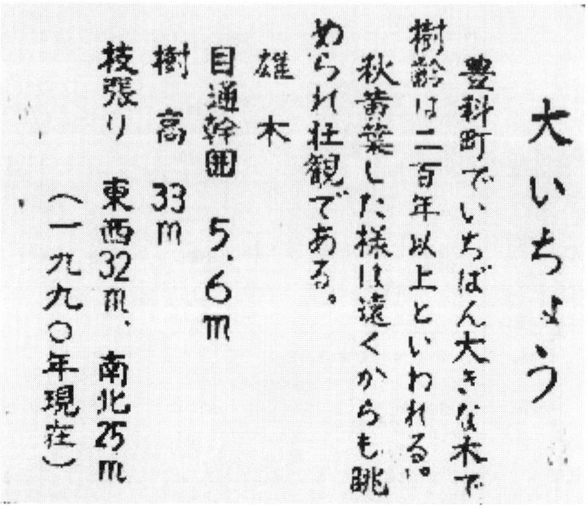

大いちょう
豊科町でいちばん大きな木で
樹齢は二百年以上といわれる。
秋黄葉した様は遠くからも眺
められ壮観である。
雄木
目通幹囲 5.6m
樹高 33m
枝張り 東西32m、南北25m
（一九九〇年現在）

撮影日：1998.8.2

交 通：国道 147 号線→豊科高校前を通過、右側。

98/20b 長野県松本市入山辺字千手《センゾ》 8548 千手観音堂付近（徳運寺/谷川氏所有） [県天（1965.7.29 指定）] ［東筑摩郡入山辺村字北入千手[1]］

写真 ③ に見られるように、左にはすでに枯死した幹、右側が現生の幹。枯死した幹に屋根がかけられている。全国に例を見ない。地面に近い部分が上部より細く見えるのは、この木が幾多の折損被害を被ってきた表徴であろう。

資料名（発行年）	調査年/月	幹周（cm）	図写真
（古資料）			
本多：大日本老樹名木誌（1913）：no.446	1912	910	—
三浦ら：日本老樹名木天然記念物（1962）：no.1111＊	1961	1000	—
上原：樹木図説2. イチョウ科（1970）：p.126＊	(1970)	1000	—
現地解説板（指定日の値として）	(1965)	1140	／
環境庁：日本の巨樹・巨木林（1991）	1988	647	—
牧野：巨樹名木巡り（1990）：p.48	(1990)	1136	＋
（各市町村の報告書、その他）			
著者実測	2000/7	610・93・(615枯死)	＋
（2100年代）			
（2200年代）			

＊三浦ら(1962)のno.1123、上原(1970)のp.127に、松本市入山辺に、他に911cmのイチョウの記載がある。しかし、現地には存在しない。両者とも、何らかの原因による誤記載と思われる。

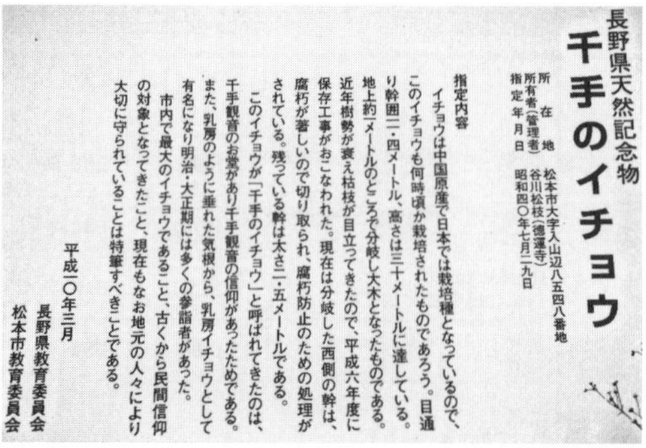

長野県天然記念物
千手のイチョウ
所在地 松本市大字入山辺八五四八番地
所有者（管理者） 谷川松枝（徳運寺）
指定年月日 昭和四〇年七月二九日
指定内容
イチョウは中国原産で日本では栽培種となっているので、このイチョウも何時頃か栽培されたものであろう。目通り幹囲一一・四メートル、高さは三十メートルに達している。地上約一メートルのところで分岐し大木となったものである。
近年樹勢が衰え枯枝が目立ってきたので、平成六年度に保存工事がおこなわれた。現在は分岐した西側の幹は、腐朽が著しいので切り取られ、腐朽防止のための処理がされている。残っている幹は太さ二・五メートルである。
このイチョウが「千手のイチョウ」と呼ばれてきたのは、千手観音のお堂があり千手観音の信仰があったためである。また、乳房のように垂れた気根から、乳房イチョウとして有名になり明治・大正期には多くの参詣者があった。
市内で最大のイチョウであること、古くから民間信仰の対象となってきたこと、現在もなお地元の人々により大切に守られていることは特筆すべきことである。
平成一〇年三月
長野県教育委員会
松本市教育委員会

撮影日：2000.7.16

交 通：松本市内→県道 67 号線→15 km 前後進むと、右側に「入山辺郵便局」→そこから 1.5 km で「美ヶ原高原入口、ビーナスライン経由」の看板。そこで左折、急坂を登る→「中村公民館」の前で、2 又の右側の道を進む→「千手のイチョウ」の看板あり→左折して急坂登る→ T 字路に突き当たる→そこから徒歩 6～7 分登る。

99/21a　岐阜県安八郡安八《アンパチ》町中須　中須八幡宮

整った1本木。しかし、残念なことに初めて訪れた2000年10月にはすでに、主幹上部(写真 ②)が、ばっさりと切られていた。これほどの思い切った切り除きイチョウは見たことがない。今後、樹形がどのように変化していくか…。

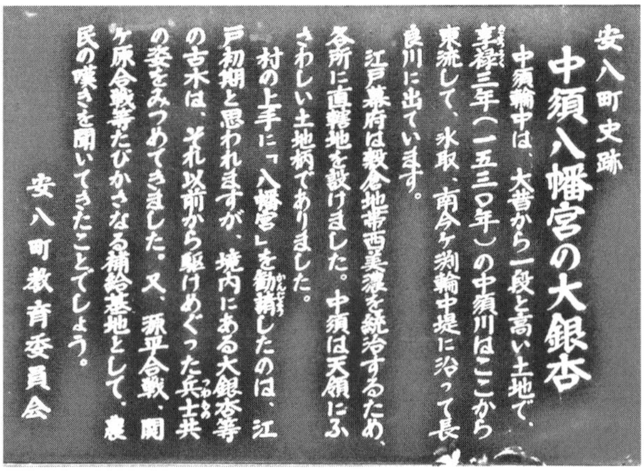

撮影日：2000.10.22

交　通：新幹線「岐阜羽島」→県道18号線・米原方面へ→安八温泉近傍。

資料名(発行年)	調査年/月	幹周(cm)	図写真
(古資料)			
本多：大日本老樹名木誌(1913)：no.	1912	—	—
三浦ら：日本老樹名木天然記念物(1962)：no.	1961	—	—
上原：樹木図説2. イチョウ科(1970)：p.	(1970)	—	—
環境庁：日本の巨樹・巨木林(1991)	1988	620	—
(各市町村の報告書、その他)			
著者実測	2000/10	650	+
(2100年代)			
(2200年代)			

100/21b　岐阜県吉城郡宮川村森安　白山神社［村天］

太い主幹2本、細い主幹1本の融合樹と考えられる。本殿とそのすぐ後ろに迫る裏山の傾斜面との間の非常に狭い土地に生育している(写真 ①②)。

撮影日：2001.5.1

交　通：古川町方面から国道360号線→森安で左折、宮川の橋を渡ってすぐ。

資料名(発行年)	調査年/月	幹周(cm)	図写真
(古資料)			
本多：大日本老樹名木誌(1913)：no.	1912	—	—
三浦ら：日本老樹名木天然記念物(1962)：no.	1961	—	—
上原：樹木図説2. イチョウ科(1970)：p.	(1970)	—	—
環境庁：日本の巨樹・巨木林(1991)	1988	690(2)	—
(各市町村の報告書、その他)			
著者実測	2001/5	共通幹周630(480・218・α)	+
(2100年代)			
(2200年代)			

101/22a　静岡県賀茂郡松崎町岩地　諸石神社

海岸線から30～40 m以内くらいの近いところに生育するイチョウは全国的に見ても珍しい。その中の1本。風の影響で、枝振りは、いわゆるあばれ性(写真 ①④)。樹肌も典型的なイチョウの肌ではない(写真 ⑤)。

撮影日：1999.9.14

交　通：国道136号線を石廊崎方面へ南下→岩地で左折回旋で海岸におりる。

資料名(発行年)	調査年/月	幹周(cm)	図写真
(古資料)			
本多：大日本老樹名木誌(1913)：no.	1912	—	—
三浦ら：日本老樹名木天然記念物(1962)：no.	1961	—	—
上原：樹木図説2. イチョウ科(1970)：p.	(1970)	—	—
環境庁：日本の巨樹・巨木林(1991)	1988	690	—
(各市町村の報告書、その他)			
著者実測	1999/9	696	＋
(2100年代)			
(2200年代)			

102/22d　静岡県富士市今泉 1895　十王子神社［市天(1970.12.21 指定)］

自動車が頻繁に通る公道によって、本殿とイチョウが分断されており(写真 ② の右側が道路)、過酷な環境にさらされている。しかし、枝全体はのびのびとしている(写真 ①)。

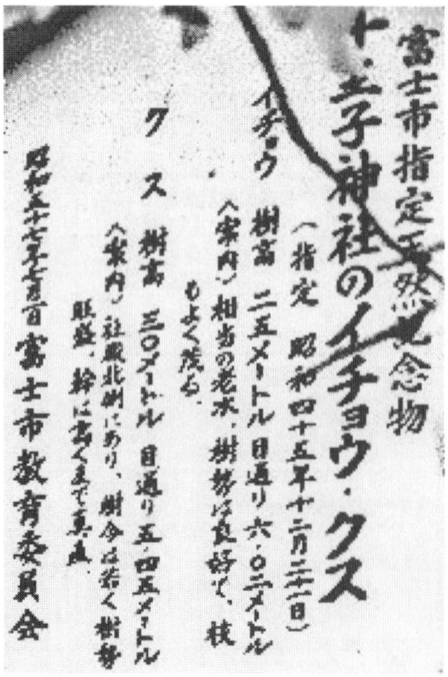

撮影日：1998.11.22

交　通：富士市内で県道22号線と24号線が交差する地点付近。

資料名(発行年)	調査年/月	幹周(cm)	図写真
(古資料)			
本多：大日本老樹名木誌(1913)：no.	1912	—	—
三浦ら：日本老樹名木天然記念物(1962)：no.	1961	—	—
上原：樹木図説2. イチョウ科(1970)：p.	(1970)	—	—
現地解説板(指定日の値として)	(1970)	602	／
環境庁：日本の巨樹・巨木林(1991)	1988	600	—
(各市町村の報告書、その他)			
著者実測	1998/11	593	＋
(2100年代)			
(2200年代)			

103/22e 静岡県駿東《スントウ》郡小山町大胡田《オオゴタ》643　大胡田天神社

［県天（1966.3.22 指定）］

主幹から分岐して伸びる支幹が空に向けて直伸する特徴的な樹形。冬季には堂々たる姿を現す。

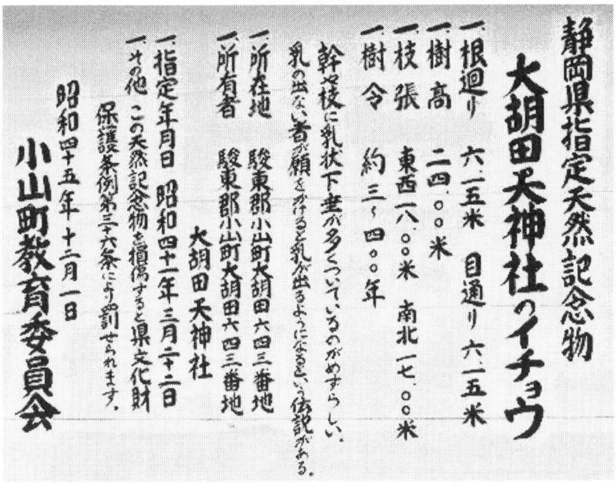

撮影日：1998.11.21

交　通：東名高速道路「御殿場」IC→国道 138 号線→国道 246 号線→県道 151 号線→県道 394 号線を交差し、直進約 2 km、右側。

資料名（発行年）	調査年/月	幹周（cm）	図写真
（古資料）			
本多：大日本老樹名木誌（1913）：no.	1912	—	—
三浦ら：日本老樹名木天然記念物（1962）：no.	1961	—	—
上原：樹木図説2. イチョウ科（1970）：p.	（1970）	—	—
現地解説板（指定日の値として）	（1966）	615	／
環境庁：日本の巨樹・巨木林（1991）	1988	主幹（500）640（5）	—
牧野：巨樹名木巡り（1990）：p.144	（1990）	615	＋
静岡県の巨樹・巨木（2001）：p.52	2000	620	＋
著者実測		未測定	＋
（2100年代）			
（2200年代）			

104/22b 静岡県賀茂郡松崎町松崎 28（通称　東区）　伊那下神社　［県天］

メガネイチョウ

本来は独立した 2 本の木であろうが、一方から伸びた枝が弧を描くように他方に接近して融合する（写真 ①②④）、奇想天外な樹形となっている。類似の状態を示す木は、他に知らない。写真 ②④ の右側の木は、樹肌から判断して左より若い。

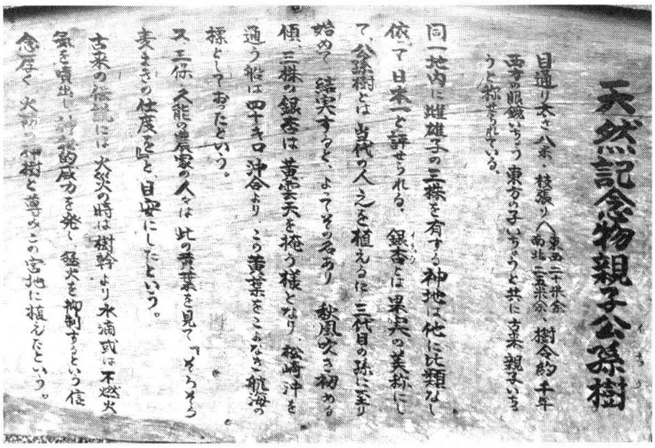

撮影日：1999.9.14

交　通：松崎町市街国道 136 号線沿い、石廊崎に向かって左手。

資料名（発行年）	調査年/月	幹周（cm）	図写真
（古資料）			
本多：大日本老樹名木誌（1913）：no.	1912	—	—
三浦ら：日本老樹名木天然記念物（1962）：no.	1961	—	—
上原：樹木図説2. イチョウ科（1970）：p.	（1970）	—	—
環境庁：日本の巨樹・巨木林（1991）	1988	660（2）	—
（各市町村の報告書、その他）			
著者実測	1999/9	440＋230	＋
（2100年代）			
（2200年代）			

105/22f　静岡県引佐郡引佐《イナサ》町渋川（通称　元組《モトグミ》）六所神社跡（JA渋川支店前）　[町天（1968.3.1 指定）]

幹が円柱状のきれいな１本木。解説板によれば、639 年で 580 cm に生長、0.9 cm /年ということになる。成長率の一つの目安か。

資料名（発行年）	調査年/月	幹周（cm）	図写真
（古資料）解説板	1361	0	—
本多：大日本老樹名木誌（1913）：no.	1912	—	—
三浦ら：日本老樹名木天然記念物（1962）：no.	1961	—	—
上原：樹木図説2. イチョウ科（1970）：p.	(1970)	—	—
環境庁：日本の巨樹・巨木林（1991）	1988	670	—
（各市町村の報告書、その他）			
著者実測	2000/10	580	＋
（2100年代）			
（2200年代）			

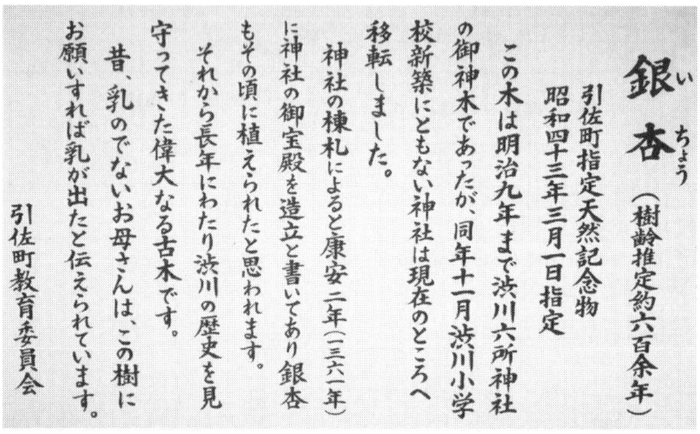
銀《い》杏《ちょう》（樹齢推定約六百余年）
引佐町指定天然記念物
昭和四十三年三月一日指定
この木は明治九年まで渋川六所神社の御神木であったが、同年十一月渋川小学校新築にともない神社は現在のところへ移転しました。
神社の棟札によると康安二年（一三六一年）に神社の御宝殿を造立と書いてあり銀杏もその頃に植えられたと思われます。
それから長年にわたり渋川の歴史を見守ってきた偉大なる古木です。
昔、乳のでないお母さんは、この樹にお願いすれば乳が出たと伝えられています。
引佐町教育委員会

撮影日：2000.10.1

交　通：国道 257 号線→県道 47 号線→約 11 km 先交差点右。

106/23a　愛知県東加茂郡旭町時瀬《トキゼ》字仲切 3　神明社　[県天（1969.10.29 指定）]

根元が融合した太い着生植物（樹種未同定）が本体に沿って生育している（写真 ③④）。このような着生、生育例は他に見ない。枝振りは典型的なイチョウで、きれいな１本木。

資料名（発行年）	調査年/月	幹周（cm）	図写真
（古資料）			
本多：大日本老樹名木誌（1913）：no.	1912	—	—
三浦ら：日本老樹名木天然記念物（1962）：no.	1961	—	—
上原：樹木図説2. イチョウ科（1970）：p.	(1970)	—	—
環境庁：日本の巨樹・巨木林（1991）	1988	652	—
（各市町村の報告書、その他）			
著者実測	2000/9	692	＋
（2100年代）			
（2200年代）			

撮影日：2000.9.27

交　通：国道 153 号線→県道 348 号線→県道 11 号線→旭町役場で県道 356 号線、約 4 km 先、左手。

107/25a　滋賀県坂田郡山東町大字長岡字正常《マサツネ》 1573　長岡神社 [町天(1991.3.1 指定)]

幹がきれいな円柱状の１本木で、少々斜めに伸びている(写真④)。

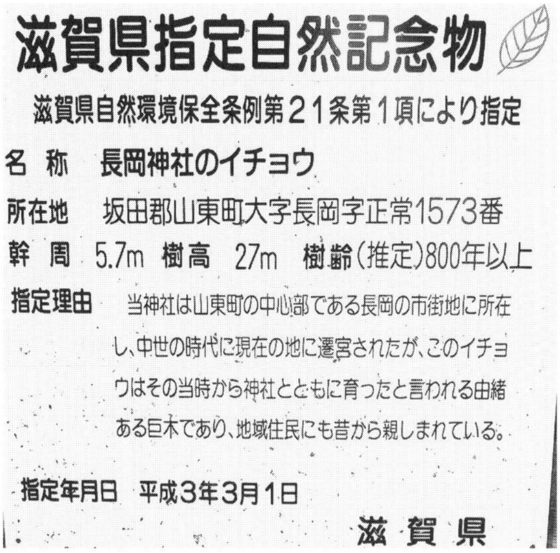

滋賀県指定自然記念物
滋賀県自然環境保全条例第２１条第１項により指定
名 称　長岡神社のイチョウ
所在地　坂田郡山東町大字長岡字正常1573番
幹 周　5.7m　樹高　27m　樹齢(推定)800年以上
指定理由　当神社は山東町の中心部である長岡の市街地に所在し、中世の時代に現在の地に遷宮されたが、このイチョウはその当時から神社とともに育ったと言われる由緒ある巨木であり、地域住民にも昔から親しまれている。
指定年月日　平成3年3月1日
滋 賀 県

撮影日：1999.9.23

交　通：国道 21 号線→県道 19 号線→すぐに右折、県道 248 号線→山東町役場近傍・天川《アマノガワ》べり。

資料名(発行年)	調査年/月	幹周(cm)	図写真
(古資料)			
本多：大日本老樹名木誌(1913)：no.	1912	—	—
三浦ら：日本老樹名木天然記念物(1962)：no.1172	1961	703	—
上原：樹木図説2. イチョウ科(1970)：p.162	(1970)	710	—
環境庁：日本の巨樹・巨木林(1991)	1988	707	—
現地解説板(指定日の値として)	(1991)	570	／
(各市町村の報告書、その他)			
著者実測	1999/9	692	+
(2100年代)			
(2200年代)			

108/25b　滋賀県伊香郡高月町大字雨森《アメノモリ》字宮前 1185　天川命《アマカワノミコト》神社 [県天(1991.3.1 指定)]

年を通じて一方向の風が吹くためか、先端枝が一方向に向く(写真 ①)特徴あり。

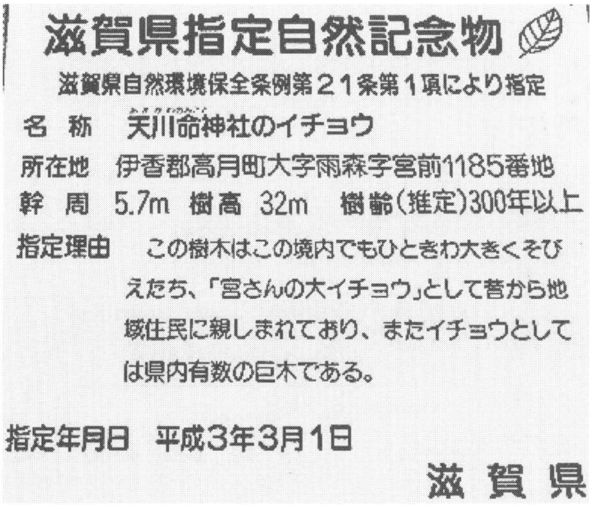

滋賀県指定自然記念物
滋賀県自然環境保全条例第２１条第１項により指定
名 称　天川命神社のイチョウ
所在地　伊香郡高月町大字雨森字宮前1185番地
幹 周　5.7m　樹高　32m　樹齢(推定)300年以上
指定理由　この樹木はこの境内でもひときわ大きくそびえたち、「宮さんの大イチョウ」として昔から地域住民に親しまれており、またイチョウとしては県内有数の巨木である。
指定年月日　平成3年3月1日
滋 賀 県

撮影日：1999.9.23

交　通：米原方面から国道 365 号線を北上→雨森近辺で芳洲庵《ホウスイアン》方面へ。

資料名(発行年)	調査年/月	幹周(cm)	図写真
(古資料)			
本多：大日本老樹名木誌(1913)：no.	1912	—	—
三浦ら：日本老樹名木天然記念物(1962)：no.	1961	—	—
上原：樹木図説2. イチョウ科(1970)：p.	(1970)	—	—
環境庁：日本の巨樹・巨木林(1991)	1988	660	—
現地解説板(指定日の値として)	(1991)	570	／
(各市町村の報告書、その他)			
著者実測	1999/9	596	+
(2100年代)			
(2200年代)			

109/25c 滋賀県坂田郡伊吹町上板並　諏訪神社［町天］

乳銀杏

かなりあばれ性の木。滋賀県の他の木と違って、乳を持ち、幹の下部はあらあらしく、たくましい木。

資料名(発行年)	調査年/月	幹周(cm)	図写真
(古資料)			
本多：大日本老樹名木誌(1913)：no.	1912	—	—
三浦ら：日本老樹名木天然記念物(1962)：no.	1961	—	—
上原：樹木図説2. イチョウ科(1970)：p.	(1970)	—	—
環境庁：日本の巨樹・巨木林(1991)	1988	690	—
現地解説板(指定当時の値として)	?	約 700	—
(各市町村の報告書、その他)			
著者実測	1999/9	584・164・160	+
(2100年代)			
(2200年代)			

伊吹町指定文化財
天然記念物　乳《ちち》銀《い》杏《ちょう》
諏訪神社境内
500m
樹齢 400年以上　周囲約 7M
樹高約 30M　約20本の乳柱が下がる。
平成4年　伊吹町教育委員会

撮影日：1999.9.23

交　通：国道 365 号線→県道 40 号線→板並で左側。

110/26a 京都府京都市下京区堀河通り　西本願寺御影堂前［市天(1985.6.1 指定)］

水吹きイチョウ

天から圧縮されたような幹、枝の伸び方、樹肌、どの点でも他に類を見ない特異な木。

資料名(発行年)	調査年/月	幹周(cm)	図写真
(古資料)			
本多：大日本老樹名木誌(1913)：no.492	1912	606	—
三浦ら：日本老樹名木天然記念物(1962)：no.1189	1961	636	—
上原：樹木図説2. イチョウ科(1970)：p.165	(1970)	640 ♀	—
平井：木の辞典(第1集第7巻)(1980)	(1980)	—	+
環境庁：日本の巨樹・巨木林(1991)	1988	特定できず	—
(各市町村の報告書、その他)			
著者実測		未測定	+
(2100年代)			
(2200年代)			

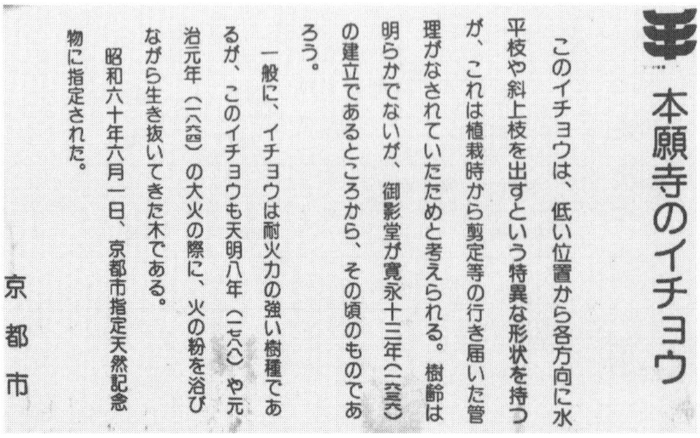
本願寺のイチョウ
このイチョウは、低い位置から各方向に水平枝や斜上枝を出すという特異な形状を持つが、これは植栽時から剪定等の行き届いた管理がなされていたためと考えられる。樹齢は明らかでないが、御影堂が寛永十三年（一六三六）の建立であるところから、その頃のものであろう。
一般に、イチョウは耐火力の強い樹種であるが、このイチョウも天明八年（一七八八）や元治元年（一八六四）の大火の際に、火の粉を浴びながら生き抜いてきた木である。
昭和六十年六月一日、京都市指定天然記念物に指定された。
京都市

撮影日：1992.8.24

交　通：（省略）

111/28a 兵庫県飾磨《シカマ》郡夢前《ユメサキ》町宮置　置塩《オキシオ》城址・櫃蔵《ヒツクラ》神社 [町天]

上部の枝の折損も少ない(写真 ①)、幹がきれいな1本木(写真 ③④)。

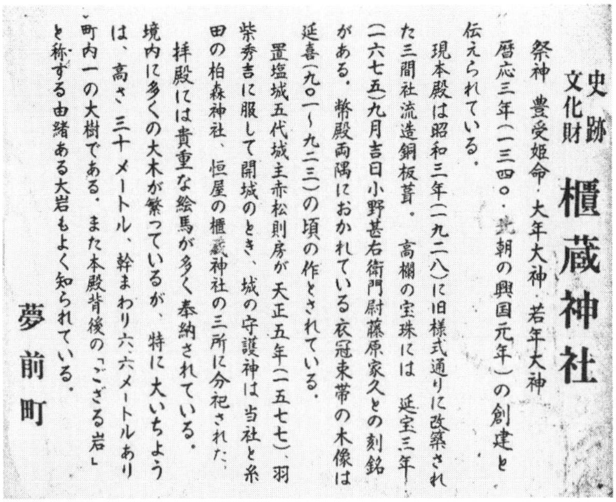

撮影日：2000.7.22

交　通：中国自動車道「福崎北」IC→県道23号線→県道67号線→県道80号線→夢前川の橋を渡り左折、直進、まもなく右側。

資料名(発行年)	調査年/月	幹周(cm)	図写真
(古資料)			
本多：大日本老樹名木誌(1913)：no.	1912	—	—
三浦ら：日本老樹名木天然記念物(1962)：no.	1961	—	—
上原：樹木図説2. イチョウ科(1970)：p.	(1970)	—	—
現地解説板(指定当時の値として)	?	660	／
環境庁：日本の巨樹・巨木林(1991)	1988	670	
(各市町村の報告書、その他)			
著者実測	2000/7	675	+
(2100年代)			
(2200年代)			

112/28b 兵庫県朝来郡和田山町殿《トノ》　乳ノ木庵

写真 ③ の右側に見える枯死した部分を含んだ幹周が617 cm。ナンテン、ヒメアオキなどの着生植物あり。左側には、幹周295 cmの2分岐木が並立。この木に主幹の枝が融合し連理となっている。

撮影日：2000.7.18

交　通：播但連絡道路終点「和田山」IC→国道312号線→県道136号線で約2.5 km直進、右側高台。

資料名(発行年)	調査年/月	幹周(cm)	図写真
(古資料)			
本多：大日本老樹名木誌(1913)：no.	1912	—	—
三浦ら：日本老樹名木天然記念物(1962)：no.	1961	—	—
上原：樹木図説2. イチョウ科(1970)：p.	(1970)	—	—
環境庁：日本の巨樹・巨木林(1991)	1988	617	—
(各市町村の報告書、その他)			
著者実測	2000/7	617	+
(2100年代)			
(2200年代)			

113/29a 奈良県吉野郡天川《テンカワ》村坪の内　来迎院［県天（1977.7.1 指定）］

枝にほとんど折損が見られない木（写真 ①）。

資料名（発行年）	調査年/月	幹周（cm）	図写真
（古資料）			
本多：大日本老樹名木誌（1913）：no.	1912	—	—
三浦ら：日本老樹名木天然記念物（1962）：no.	1961	—	—
上原：樹木図説2. イチョウ科（1970）：p.	（1970）	—	—
環境庁：日本の巨樹・巨木林（1991）	1988	650	—
（各市町村の報告書、その他）			
著者実測	2000/10	690	+
（2100年代）			
（2200年代）			

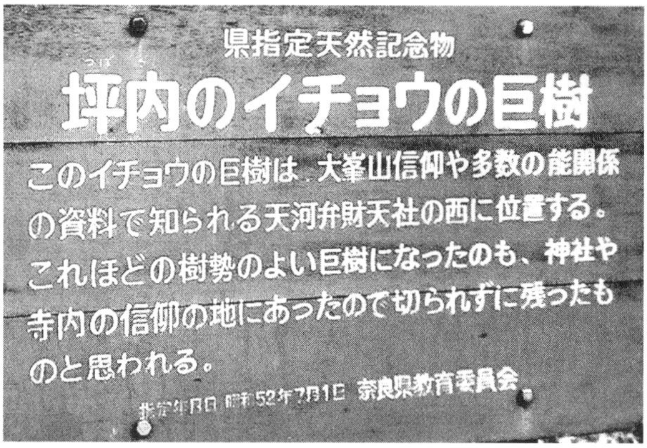

撮影日：2000.10.2

交　通：国道 309 号線→県道 53 号線（ただし、標識は 46 号となっている！）、約 3.5 km 先、右側。

114/30a 和歌山県東牟婁《ヒガシムロ》郡古座川町三尾川《ミトガワ》　光泉寺［町天］
子授けいちょう

大形の乳が多数（写真 ①④）。露出根が発達（写真 ④）。

資料名（発行年）	調査年/月	幹周（cm）	図写真
（古資料）			
本多：大日本老樹名木誌（1913）：no.	1912	—	—
三浦ら：日本老樹名木天然記念物（1962）：no.1240	1961	485	—
上原：樹木図説2. イチョウ科（1970）：p.162	（1970）	490	—
環境庁：日本の巨樹・巨木林（1991）	1988	608	—
（各市町村の報告書、その他）			
著者実測	2000/10	625	+
（2100年代）			
（2200年代）			

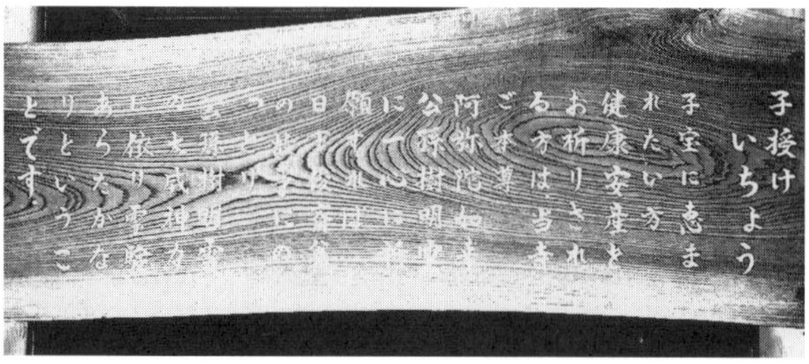

撮影日：2000.10.21

交　通：国道 42 号線→県道 39 号線、左側、または串本町から国道 371 号線→県道 39 号線。

115/30b 和歌山県那賀郡粉川《コカワ》町西川原　加茂神社 [県天(1958.4.1 指定)]

主幹の横断面形状が平たい特異な木。英語で説明が付いているのは全国でも珍しい。残念なことは、イチョウの学名の記述についてよくあることだが、スペルを間違うことである。正しくは、*Ginkgo*。

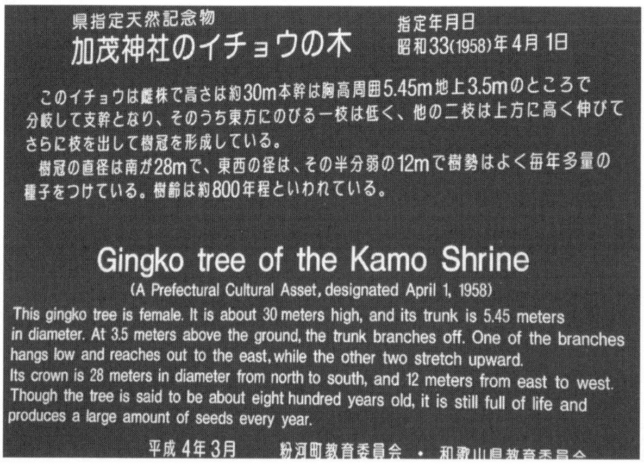

撮影日：2000.10.21

交　通：国道 24 号線→粉川町粉川で県道 7 号線、約 1 km 先で→県道 122 号線、約 4 km 直進、左側。

資料名(発行年)	調査年/月	幹周(cm)	図写真
(古資料)			
本多：大日本老樹名木誌(1913)：no.	1912	—	—
現地解説板(指定日の値として)	(1958)	545	／
三浦ら：日本老樹名木天然記念物(1962)：no.1232	1961	515	—
上原：樹木図説2. イチョウ科(1970)：p.162	(1970)	550	—
環境庁：日本の巨樹・巨木林(1991)	1988	597	—
牧野：巨樹名木巡り(1990)：p.198	1990	545 ♀	+
(各市町村の報告書、その他)			
著者実測	2000/10	587	+
(2100年代)			
(2200年代)			

116/31a 鳥取県気高郡青谷《アオヤ》町　八葉寺《ハッショウジ》・子守神社 [町天]

背後に山があるため、天高く伸びる(写真 ①②④)、幹がきれいな 1 本木。

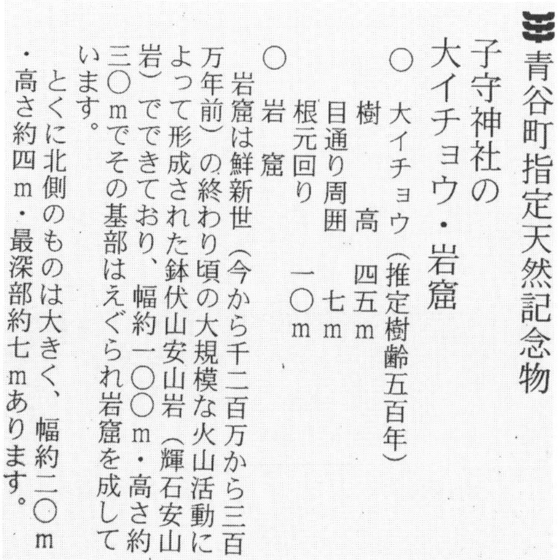

撮影日：1998.9.24

交　通：国道 9 号線→県道 51 号線を約 6 km→砕石場を過ぎて「八葉寺」方向へ→「ホタルの里公園」内。

資料名(発行年)	調査年/月	幹周(cm)	図写真
(古資料)			
本多：大日本老樹名木誌(1913)：no.	1912	—	—
三浦ら：日本老樹名木天然記念物(1962)：no.	1961	—	—
上原：樹木図説2. イチョウ科(1970)：p.	(1970)	—	—
環境庁：日本の巨樹・巨木林(1991)	1988	700	—
(各市町村の報告書、その他)			
著者実測	2000/7	680	+
(2100年代)			
(2200年代)			

117/31b 鳥取県八頭郡若桜《ワカサ》町若桜　龍徳寺

幹がきれいな１本木。雌株であるが、樹形は雄の形状(写真①)。裸木を撮影に行った11月末でも、この木は黄葉でつつまれていた。

資料名(発行年)	調査年/月	幹周(cm)	図写真
(古資料)			
本多:大日本老樹名木誌(1913):no.	1912	—	—
三浦ら:日本老樹名木天然記念物(1962):no.	1961	—	—
上原:樹木図説2. イチョウ科(1970):p.	(1970)	—	—
環境庁:日本の巨樹・巨木林(1991)	1988	600	—
(各市町村の報告書、その他)			
著者実測	2000/7	650	＋
(2100年代)			
(2200年代)			

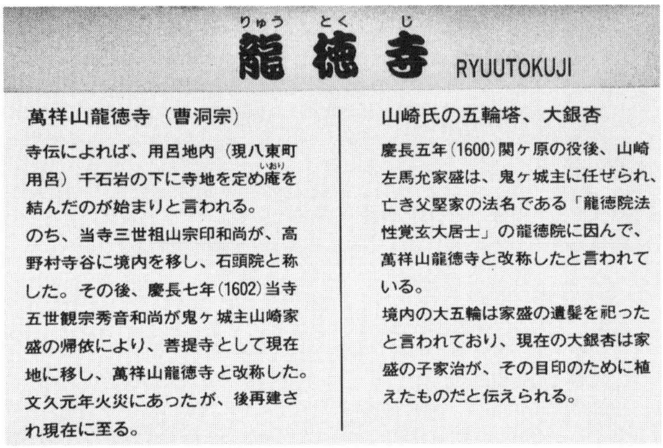
龍《りゅう》徳《とく》寺《じ》 RYUUTOKUJI
萬祥山龍徳寺（曹洞宗）
寺伝によれば、用呂地内（現八東町用呂）千石岩の下に寺地を定め庵《いおり》を結んだのが始まりと言われる。
のち、当寺三世祖山宗印和尚が、高野村寺谷に境内を移し、石頭院と称した。その後、慶長七年(1602)当寺五世観宗秀音和尚が鬼ヶ城主山崎家盛の帰依により、菩提寺として現在地に移し、萬祥山龍徳寺と改称した。
文久元年火災にあったが、後再建され現在に至る。
山崎氏の五輪塔、大銀杏
慶長五年(1600)関ヶ原の役後、山崎左馬允家盛は、鬼ヶ城主に任ぜられ、亡き父堅家の法名である「龍徳院法性覚玄大居士」の龍徳院に因んで、萬祥山龍徳寺と改称したと言われている。
境内の大五輪は家盛の遺髪を祀ったと言われており、現在の大銀杏は家盛の子家治が、その目印のために植えたものだと伝えられる。

撮影日: 2000.7.18

交　通:国道 29 号線→若桜鉄道「わかさ」駅から徒歩 15 分程度(若桜神社への指示方向へ)、道路右側。

118/31c 鳥取県気高郡鹿野《シカノ》町鹿野　幸盛寺

雌株であるがスリムな雄型樹形(写真 ①)。ひこばえが多い(写真 ②③)。

資料名(発行年)	調査年/月	幹周(cm)	図写真
(古資料)			
本多:大日本老樹名木誌(1913):no.	1912	—	—
三浦ら:日本老樹名木天然記念物(1962):no.	1961	—	—
上原:樹木図説2. イチョウ科(1970):p.	(1970)	—	—
環境庁:日本の巨樹・巨木林(1991)	1988	610	—
(各市町村の報告書、その他)			
著者実測	2000/7	616	＋
(2100年代)			
(2200年代)			

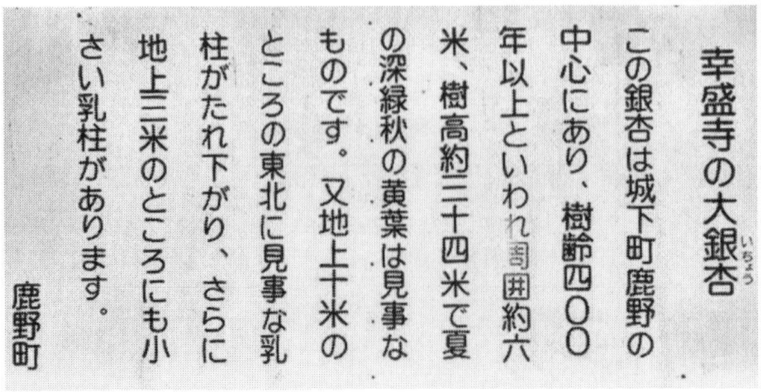
幸盛寺の大銀杏《いちょう》
この銀杏は城下町鹿野の中心にあり、樹齢四〇〇年以上といわれ周囲約六米、樹高約三十四米で夏の深緑秋の黄葉は見事なものです。又地上十米のところの東北に見事な乳柱がたれ下がり、さらに地上三米のところにも小さい乳柱があります。
鹿野町

撮影日: 1998.9.24

交　通:国道 9 号線→県道 32 号線→県道 21 号線を交差、直進方向右手の町中。

119/32a　島根県浜田市下府《シモコウ》町　伊甘神社 [市天(1973.5.1 指定)]

幹がきれいな円柱1本木(写真 ③④)。この木のまわりに、雄雌各1本ずつ細いイチョウがある。

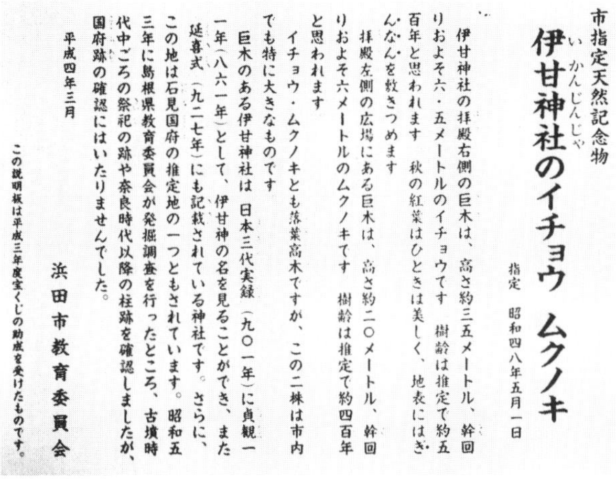

撮影日: 2000.7.20

交　通: 浜田自動車道「浜田」IC→国道9号線で江津方面へ約3 km 先、右側→JR山陰本線「しもこう」駅裏。

資料名(発行年)	調査年/月	幹周(cm)	図写真
(古資料)			
本多:大日本老樹名木誌(1913):no.	1912	—	—
三浦ら:日本老樹名木天然記念物(1962):no.	1961	—	—
上原:樹木図説2. イチョウ科(1970):p.	(1970)	—	—
現地解説板(指定日の値として)	(1973)	650	／
環境庁:日本の巨樹・巨木林(1991)	1988	600	—
(各市町村の報告書、その他)			
著者実測	2000/7	610	＋
(2100年代)			
(2200年代)			

120/33c　岡山県真庭郡八束村《ヤツカソン》　福田神社・左(西)株 [村天]

無数の乳を持ち(写真 ①)、地上3m くらいから支幹が放射状に伸びる。着生植物あり。同境内の右手に少し細い東株がある。

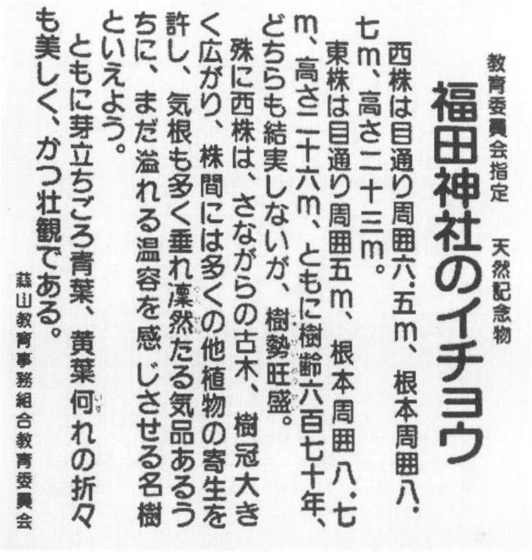

撮影日: 2000.7.19

交　通: 米子自動車道「蒜山」IC→国道482号線で八束村へ→村境から間もなく進行方向左側。

資料名(発行年)	調査年/月	幹周(cm)	図写真
(古資料)			
本多:大日本老樹名木誌(1913):no.	1912	—	—
三浦ら:日本老樹名木天然記念物(1962):no.1205	1961	606	—
上原:樹木図説2. イチョウ科(1970):p.170	(1970)	610	—
環境庁:日本の巨樹・巨木林(1991)	1988	652	—
(各市町村の報告書、その他)			
著者実測	2000/7	646	＋
(2100年代)			
(2200年代)			

121/33d 岡山県御津郡御津町野々口字野々口　実成寺跡［町天］

お葉つきイチョウ

この木はお葉つきイチョウである。他の木ではギンナンが5 mm～1 cm大にまで生長するのが普通であるが、この木の場合それは稀で、ほとんどは2～3 mmの、できはじめ程度である。しかし、数は多く、落葉時には誰でも容易に発見できる。隠れたお葉つきイチョウであろう。

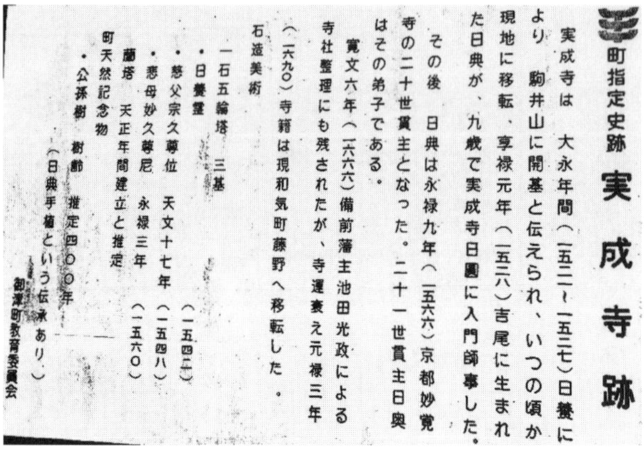

撮影日：2000.7.22

交　通：山陽自動車道「岡山」IC→国道53号線→御津町に入り約4 kmくらい（「野の口駅」への入口とは反対側）の右手高台。

資料名（発行年）	調査年/月	幹周（cm）	図写真
（古資料）			
本多：大日本老樹名木誌（1913）：no.	1912	—	—
三浦ら：日本老樹名木天然記念物（1962）：no.	1961	—	—
上原：樹木図説2. イチョウ科（1970）：p.	（1970）	—	—
環境庁：日本の巨樹・巨木林（1991）	1988	620	—
（各市町村の報告書、その他）			
著者実測	2000/7	645	＋
（2100年代）			
（2200年代）			

122/33b 岡山県勝田郡奈義町小坂《オサカ》　阿弥陀堂［町天］

残存枯死部分の程度（写真 ①④）から想像して、これまで、落雷などでかなり痛めつけられてきた木と思われる。

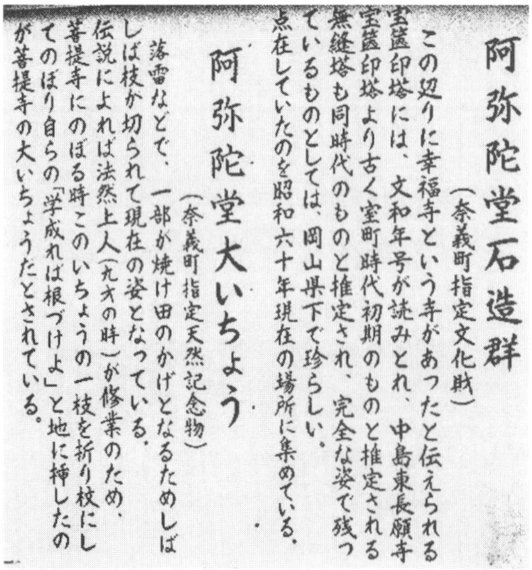

撮影日：1999.8.26

交　通：国道53号線を鳥取方面へ→奈義トンネルを通過して間もなく右折、橋を渡って左手。

資料名（発行年）	調査年/月	幹周（cm）	図写真
（古資料）			
本多：大日本老樹名木誌（1913）：no.	1912	—	—
三浦ら：日本老樹名木天然記念物（1962）：no.	1961	—	—
上原：樹木図説2. イチョウ科（1970）：p.	（1970）	—	—
環境庁：日本の巨樹・巨木林（1991）	1988	677	—
（各市町村の報告書、その他）			
著者実測		未測定	＋
（2100年代）			
（2200年代）			

123/33a 岡山県阿哲郡哲西《テツセイ》町大野部字頼重　岩倉八幡神社［町天］

数本以上の並立(写真 ①⑤)、融合樹と思われる。ひこばえを多く生ずる木(写真 ③)。多種類の着生植物がつく。

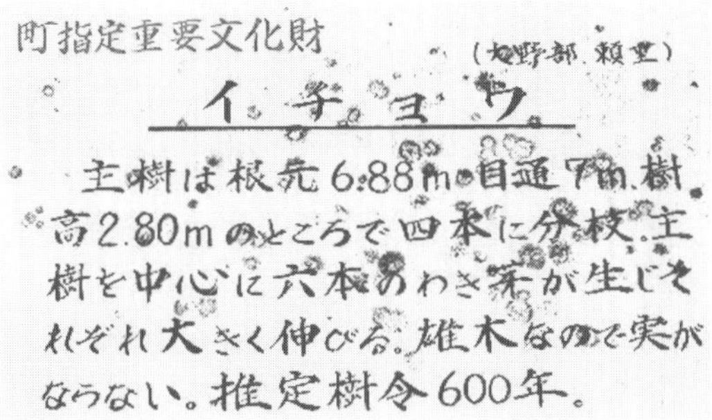

撮影日：1999.8.26

交　通：中国自動車道「東城」IC→国道182号線→県道50号線→県道313号線→直進約200 m右側。

資料名(発行年)	調査年/月	幹周(cm)	図写真
(古資料)			
本多：大日本老樹名木誌(1913)：no.	1912	—	—
三浦ら：日本老樹名木天然記念物(1962)：no.	1961	—	—
上原：樹木図説2. イチョウ科(1970)：p.	(1970)	—	—
環境庁：日本の巨樹・巨木林(1991)	1988	697	—
(各市町村の報告書、その他)			
著者実測		未測定	＋
(2100年代)			
(2200年代)			

124/34a 広島県福山市＊　吉備津神社前広場

［＊旧新市町；2003.2 内海町、福山市と合併］［芦品郡綱引村大字宮内[1]］

吉備津神社のイチョウについて、本多[1]は、no.419(宮内の大公孫樹、5丈5尺(＝約1670 cm)、写真付き)とno.509(乳房神の公孫樹、1丈5尺(＝約470 cm)、写真なし)の2本を記載している。 三浦ら[2]も、no.1229(宮内の大公孫樹、5.33 m、写真つき)とno.1235(乳房神の公孫樹、5.03 m、写真付き)を記載。上原[3]も、同一境内に2本のイチョウを記載している。本多のno.419の写真と、三浦らのno.1235の写真は同じ角度からで、両者に食い違いがある。ここで扱っている木は、写真から判断して恐らく本多のno.509、三浦らのno.1229)、上原の5.0 m(乳房神)のイチョウに相当すると結論される。「乳房神」は本殿の左前にあったイチョウで、現在は枯死。ここに収録した木は、本殿前の広場の真ん中にある(写真 ①③)。

撮影日：2000.7.21

交　通：山陽自動車道「福山東」IC→国道182号線→国道486号線→新市町で県道26号線、約2 km先の左側。

資料名(発行年)	調査年/月	幹周(cm)	図写真
(古資料)			
本多：大日本老樹名木誌(1913)：no.509	1912	470	—
三浦ら：日本老樹名木天然記念物(1962)：no.1229	1961	533	＋
上原：樹木図説2. イチョウ科(1970)：p.168	(1970)	530	—
広島県巨樹調査(1982)	(1982)	580	—
環境庁：日本の巨樹・巨木林(1991)	1988	600	—
(各市町村の報告書、その他)			
著者実測	2000/7	630	＋
(2100年代)			
(2200年代)			

125/34b 広島県福山市駅家町服部永谷　永谷八幡神社

主幹が天高く伸び(写真 ①)、側方に伸びる太枝が切られた、全国でも他に例のない、特異な樹形。しかし立派な1本木。

資料名(発行年)	調査年/月	幹周(cm)	図写真
(古資料)			
本多:大日本老樹名木誌(1913):no.	1912	—	—
三浦ら:日本老樹名木天然記念物(1962):no.1211	1961	597	+
上原:樹木図説2. イチョウ科(1970):p.167	(1970)	600	—
広島県巨樹調査(1982)	(1982)	570	—
環境庁:日本の巨樹・巨木林(1991)	1988	590	—
(各市町村の報告書、その他)			
著者実測	2000/7	600	+
(2100年代)			
(2200年代)			

撮影日: 2000.7.21

交　通:山陽自動車道「福山東」IC→国道182号線を北上→服部永谷で、進行左側。

126/34c 広島県豊田郡安芸津《アキツ》町三津　蓮光寺

[賀茂郡三津町字海印寺[1];豊田郡安芸津町大字三津字海印寺[2, 3]]

樹肌は象のそれを感じさせるが、根が同じく象のつま先を想わせる形で大地にもぐり(写真 ②〜④)、着生植物をつけ、主幹には大きな瘤を二つ持つ(写真 ④)特異な木。

資料名(発行年)	調査年/月	幹周(cm)	図写真
(古資料)			
本多:大日本老樹名木誌(1913):no.482	1912	697	—
三浦ら:日本老樹名木天然記念物(1962):no.1176	1961	691	+
上原:樹木図説2. イチョウ科(1970):p.166	(1970)	700	—
あきつの歴史散策(安芸津町・広報紙)	?	460	+
広島県巨樹調査(1982)	(1982)	690	—
環境庁:日本の巨樹・巨木林(1991)	1988	590	—
(各市町村の報告書、その他)			
著者実測	2000/7	490	+
(2100年代)			
(2200年代)			

撮影日: 2000.7.21

交　通:国道185号線→安芸津町で県道32号線→約2km先の右側。

127/35a　山口県岩国市保木《ホウキ》　高木氏敷地内

数本以上の並立樹で(写真 ①〜⑤)、主幹だけの正確な測定は不可能。主幹上部は切断されている(写真 ③)。

資料名(発行年)	調査年/月	幹周(cm)	図写真
(古資料)			
本多：大日本老樹名木誌(1913)：no.	1912	—	—
三浦ら：日本老樹名木天然記念物(1962)：no.	1961	—	—
上原：樹木図説2. イチョウ科(1970)：p.	(1970)	—	—
環境庁：日本の巨樹・巨木林(1991)	1988	613	—
岡：山口県の巨樹資料(2000)：p.13	1989/10	510	—
(各市町村の報告書、その他)			
著者実測	2000/7	615•200•186•150•2α	+
(2100年代)			
(2200年代)			

撮影日：2000.7.20

交　通：山陽自動車道「岩国」IC→国道 2 号線→国道 187 号線への分岐点から約 1 km 先、錦川鉄道を過ぎて、左手。

128/35b　山口県山口市吉敷《ヨシキ》　龍蔵寺 [国天(1942.7.21 指定)]

幹はきれいな柱状で、天高く伸び、露出根もほとんどない(写真 ③)。しかし、かなり大きな空洞(写真 ④)を生じている。これは、背後にある山からの地下水が過剰にあるため、幹芯が腐食するためかもしれない。すべての太枝は過去に一度は折損したと思われ、伸張した太枝が少ない(写真 ①)。

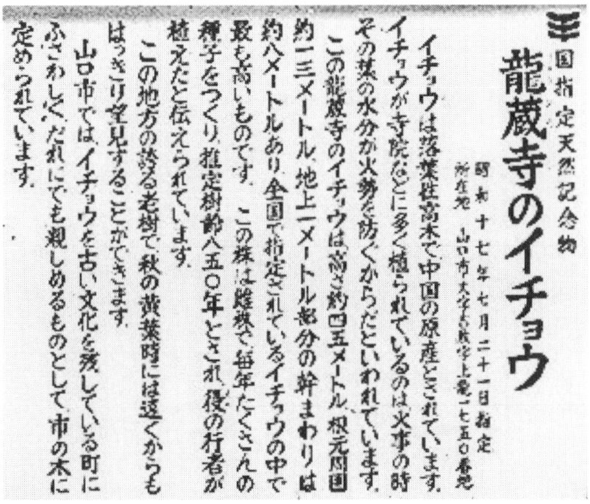

撮影日：2002.3.3

交　通：中国自動車道「小郡」IC→国道 9 号線→山口市内で国道 435 号線→吉敷西で左方向→龍蔵寺に到る。

資料名(発行年)	調査年/月	幹周(cm)	図写真
(古資料)			
本多：大日本老樹名木誌(1913)：no.	1912	—	—
現地解説板(指定当時の値として)	?	800	—
本田：植物文化財(1957)：p.35	(1957)	670 ♀	—
三浦ら：日本老樹名木天然記念物(1962)：no.1178	1961	670	—
上原：樹木図説2. イチョウ科(1970)：p.170	(1970)	670 ♀	—
沼田：日本の天然記念物(1984)：p.83	(1984)	670 ♀	+
環境庁：日本の巨樹・巨木林(1991)	1988	670	—
岡：山口県の巨樹資料(2000)：p.12	?	600 ♀	—
(各市町村の報告書、その他)			
著者実測	2001/3	610•115	+
(2100年代)			
(2200年代)			

129/36b 徳島県麻植《オエ》郡鴨島《カモジマ》町麻植塚字堂の本　五所神社

芯部は人が入れるほどの空洞となっている(写真 ④)。

撮影日：2001.2.9

交　通：石井町方面から国道 129 号線→鴨島町に入って約 1.6 km で →右手斜め方向分岐する道に入る → 600 m ほど進んだ左側(JR「麻植塚」駅)から 300 m くらい。

資料名(発行年)	調査年/月	幹周(cm)	図写真
(古資料)			
本多：大日本老樹名木誌(1913)：no.	1912	—	—
三浦ら：日本老樹名木天然記念物(1962)：no.	1961	—	—
上原：樹木図説2. イチョウ科(1970)：p.	(1970)	—	—
環境庁：日本の巨樹・巨木林(1991)	1988	609	—
(各市町村の報告書、その他)			
著者実測	1998/11	672	+
(2100年代)			
(2200年代)			

130/36c 徳島県板野郡板野町矢武字鏡松　八幡神社

平らな地面に柱のように直立するきれいな 1 本木(写真 ①② ④)。

撮影日：2002.8.4

交　通：徳島市方面から国道 192 号線→JR徳島線「石井」駅(進行方向右手)付近で→県道 34 号線→吉野川を渡って約 3 km 先、右側。

資料名(発行年)	調査年/月	幹周(cm)	図写真
(古資料)			
本多：大日本老樹名木誌(1913)：no.	1912	—	—
三浦ら：日本老樹名木天然記念物(1962)：no.	1961	—	—
上原：樹木図説2. イチョウ科(1970)：p.	(1970)	—	—
環境庁：日本の巨樹・巨木林(1991)	1988	652	—
(各市町村の報告書、その他)			
著者実測	1998/11	672	+
(2100年代)			
(2200年代)			

131/36d　徳島県麻植郡山川町山崎字宮島　山崎八幡宮

幹がきれいな1本木(写真 ④)。少数ながら乳を持つ(写真 ③)。

撮影日：2001.2.9

交　通：川島町方面から国道192号線→JR徳島線「山瀬」駅へ左折→約800mで駅前、左折→踏切を越えて直進、左側。

資料名(発行年)	調査年/月	幹周(cm)	図写真
(古資料)			
本多：大日本老樹名木誌(1913)：no.	1912	—	—
三浦ら：日本老樹名木天然記念物(1962)：no.	1961	—	—
上原：樹木図説2. イチョウ科(1970)：p.	(1970)	—	—
環境庁：日本の巨樹・巨木林(1991)	1988	635	—
(各市町村の報告書、その他)			
著者実測	1998/11	658	+
(2100年代)			
(2200年代)			

132/36e　徳島県美馬郡一宇村《イチウソン》河内　河内堂

剣山に向かう山峡を、一宇川に沿って国道438号が登っていく。そうした環境の影響か、イチョウは天高く伸びている(写真 ①)。写真 ④ の背後は一宇川を見下ろす数十メートルの断崖で、その縁に木は生えている。

撮影日：2001.2.9

交　通：徳島市方面から国道192号線→貞光町で国道438号線→剣山へ向けて15kmほど進行、右側。

資料名(発行年)	調査年/月	幹周(cm)	図写真
(古資料)			
本多：大日本老樹名木誌(1913)：no.	1912	—	—
三浦ら：日本老樹名木天然記念物(1962)：no.	1961	—	—
上原：樹木図説2. イチョウ科(1970)：p.	(1970)	—	—
環境庁：日本の巨樹・巨木林(1991)	1988	730	—
平岡：巨樹探検(1999)：p.299	(1999)	640	—
(各市町村の報告書、その他)			
著者実測	2001/2	646	+
(2100年代)			
(2200年代)			

133/36f 徳島県板野郡藍住町徳命字小塚原　八幡神社 [町天(1990.7 指定)]

小塚の大イチョウ

太く育ったひこばえが添い(写真 ②④)、根部はあらあらしいまでの様相で地面をつかみ取る形状(写真 ⑤⑥)。

撮影日：1998.7.20

交　通：徳島市方面から国道 192 号線→県道 1 号線→吉野川「名田橋」を渡ったところの信号で左折→堤防下、左手約 500 m。

資料名(発行年)	調査年/月	幹周(cm)	図写真
(古資料)			
本多：大日本老樹名木誌(1913)：no.	1912	—	—
三浦ら：日本老樹名木天然記念物(1962)：no.	1961	—	—
上原：樹木図説2. イチョウ科(1970)：p.	(1970)	—	—
環境庁：日本の巨樹・巨木林(1991)	1988	607	—
(各市町村の報告書、その他)			
著者実測	2001/2	634	+
(2100年代)			
(2200年代)			

134/36g 徳島県名西《ミョウザイ》郡石井町高原《タカハラ》字中島《ナカシマ》　新宮本宮両神社・右株

上部の枝に枯枝が目立ち、葉の茂りがうすい木。しかし幹がきれいな 1 本木(写真 ③④)。乳も持つ(写真 ①④)。

撮影日：1998.7.17

交　通：徳島市方面から国道 192 号線→石井町市街で県道 34 号線→「六条大橋」に向けて約 2.4 km 進み左折→500 m ほど進んで右折、正面。

資料名(発行年)	調査年/月	幹周(cm)	図写真
(古資料)			
本多：大日本老樹名木誌(1913)：no.	1912	—	—
三浦ら：日本老樹名木天然記念物(1962)：no.	1961	—	—
上原：樹木図説2. イチョウ科(1970)：p.	(1970)	—	—
環境庁：日本の巨樹・巨木林(1991)	1988	—	—
(各市町村の報告書、その他)			
著者実測	2001/2	634	+
(2100年代)			
(2200年代)			

135/36i　徳島県板野郡上板町神宅《カンヤケ》字大山 14-2　大山寺《ダイサンジ》

目立つ折損もなく(写真 ①③)、のびのびと生育する優美な樹相(写真 ②)。根元には露出根が伸びている(写真 ④)。

撮影日：2001.2.10

交　通：徳島市方面から国道 192 号線→県道 34 号線→「六条大橋」を渡って→県道 14 号線→約 1.1 km、右折→県道 234 号線直進→徳島自動車道下をくぐった後、3～4 km 山頂へ進む。

資料名(発行年)	調査年/月	幹周(cm)	図写真
(古資料)			
本多：大日本老樹名木誌(1913)：no.	1912	—	—
三浦ら：日本老樹名木天然記念物(1962)：no.	1961	—	—
上原：樹木図説2. イチョウ科(1970)：p.	(1970)	—	—
環境庁：日本の巨樹・巨木林(1991)	1988	570	—
(各市町村の報告書、その他)			
著者実測	1998/7	600	+
(2100年代)			
(2200年代)			

136/36a　徳島県名西《ミョウザイ》郡石井町浦庄字下浦 548-1(通称 銀杏)　銀杏集会所(銀杏庵)・左株

集会所入口、左右に 1 本ずつイチョウがある(写真 ③)。その左株。主幹とその上部の折損(写真 ①⑤)の影響のためか、ずんぐりした樹形で、あらあらしさを感ずる(写真 ④)。

撮影日：2001.2.10

交　通：石井町方面から国道 192 号線→浦庄郵便局(左側)を過ぎたところで左折→約 300 m 進んだ左手。

資料名(発行年)	調査年/月	幹周(cm)	図写真
(古資料)			
本多：大日本老樹名木誌(1913)：no.	1912	—	—
三浦ら：日本老樹名木天然記念物(1962)：no.	1961	—	—
上原：樹木図説2. イチョウ科(1970)：p.	(1970)	—	—
環境庁：日本の巨樹・巨木林(1991)	1988	主幹 610 750(2)	—
(各市町村の報告書、その他)			
著者実測	1998/7	676・α	+
(2100年代)			
(2200年代)			

137/37b 香川県香川郡塩江《シオノエ》町安原上東《ヤスハラカミヒガシ》馬場　岩部《イワブ》八幡神社・左株 [県天(1971 指定)]

主幹に多くの乳を持つ(写真 ③④⑤)。夏姿が美しい(写真 ②)。

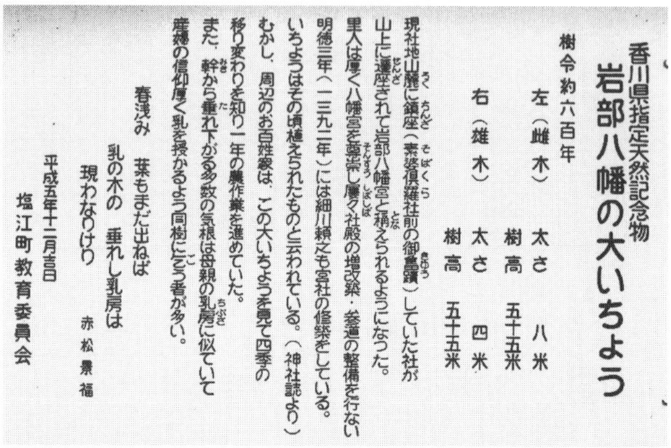

撮影日：1999.3.4

交　通：国道 193 号線→塩江町安原上東、標識「岩部」で左折すぐ。

資料名(発行年)	調査年/月	幹周(cm)	図写真
(古資料)			
本多：大日本老樹名木誌(1913)：no.	1912	—	—
三浦ら：日本老樹名木天然記念物(1962)：no.	1961	—	—
上原：樹木図説2. イチョウ科(1970)：p.	(1970)	—	—
現地解説板(指定当時の値として)	?	800	／
環境庁：日本の巨樹・巨木林(1991)	1988	900	—
牧野：巨樹名木巡り(1991)：p.182	(1991)	750 ♀	+
平岡：巨樹探検(1999)：p.285	(1999)	900	—
著者実測	1999/3	690	+
(2100年代)			
(2200年代)			

138/38a 愛媛県喜多郡長浜町豊茂　三嶋神社 [町天(1971.3.30 指定)]

幹がきれいな1本木(写真 ④)。根元には、小さいが明瞭な窪みがある(写真 ③)。その成因はわからないが、全国的にも珍しい。

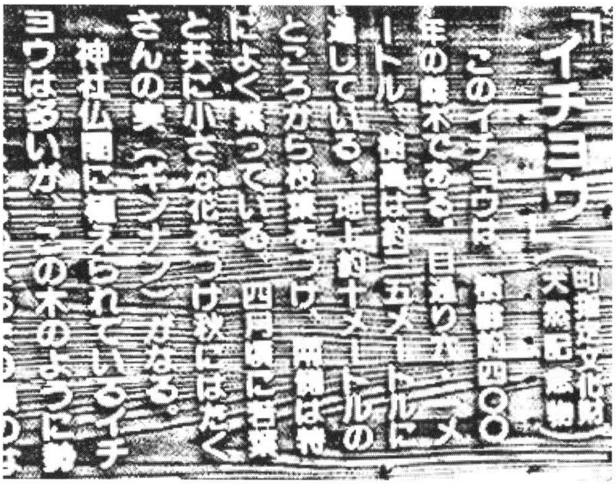

撮影日：1999.7.30

交　通：国道 56 号線→県道 24 号線→県道 28 号線→豊茂に到る。

資料名(発行年)	調査年/月	幹周(cm)	図写真
(古資料)			
本多：大日本老樹名木誌(1913)：no.	1912	—	—
三浦ら：日本老樹名木天然記念物(1962)：no.	1961	—	—
上原：樹木図説2. イチョウ科(1970)：p.	(1970)	—	—
環境庁：日本の巨樹・巨木林(1991)	1988	610	—
現地解説板(指定日の値として)	(1994)	610	／
長浜の文化財(1994)：p.26	(1994)	610	+
著者実測	1999/7	680	+
(2100年代)			
(2200年代)			

139/38b　愛媛県北宇和郡日吉村上大野　瑞林寺跡［村天］

［北宇和郡日吉村大字上大野・上大野庵寺の大公孫樹[2, 3]］　武左衛門大いちょう

遠景で見る夏の美しい対称形の樹相(写真 ②)に対し、多くの枝に折損の歴史が見て取れる(写真 ①)。小さい乳を多数持つ(写真 ③)。

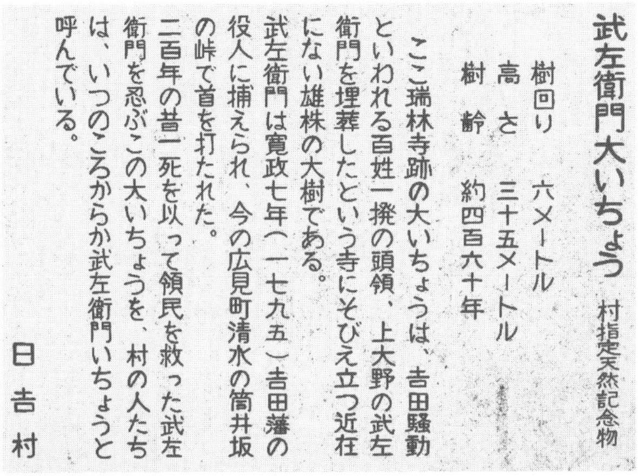

武左衛門大いちょう
村指定天然記念物
樹回り　六メートル
高さ　三十五メートル
樹齢　約四百六十年
ここ瑞林寺跡の大いちょうは、吉田騒動といわれる百姓一揆の頭領、上大野の武左衛門を埋葬したという寺にそびえ立つ近在にない雄株の大樹である。
武左衛門は寛政七年（一七九五）吉田藩の役人に捕えられ、今の広見町清水の筒井坂の峠で首を打たれた。
二百年の昔一死を以って領民を救った武左衛門を忍ぶこの大いちょうを、村の人たちは、いつのころからか武左衛門いちょうと呼んでいる。
日吉村

撮影日：1999.3.8

交　通：広見町方面から国道 320 号線→バス停「上大野橋」で右折、高台。

資料名(発行年)	調査年/月	幹周(cm)	図写真
(古資料)			
本多：大日本老樹名木誌(1913)：no.	1912	—	—
三浦ら：日本老樹名木天然記念物(1962)：no.1221	1961	560	—
上原：樹木図説2. イチョウ科(1970)：p.172	(1970)	560	—
現地解説板(指定当時の値として)	?	600	／
環境庁：日本の巨樹・巨木林(1991)	1988	—	—
木と語る　えひめの巨樹・名木(1990)：p.137	(1990)	600	—
(各市町村の報告書、その他)			
著者実測	1998/11	680	＋
(2100年代)			
(2200年代)			

140/38d　愛媛県大洲市八多喜町　聖臨寺［市天(1956.9.30 指定)］

幹がきれいな柱状の 1 本木(写真 ①④)。上部の太枝には過去に折損した歴史が見て取れる。

大洲市指定
天然記念物
八多喜のイチョウ
大洲市教育委員会

撮影日：1999.3.8

交　通：国道 56 号線→県道 24 号線→右折して県道 218 号線→粟津小学校横。

資料名(発行年)	調査年/月	幹周(cm)	図写真
(古資料)			
本多：大日本老樹名木誌(1913)：no.	1912	—	—
三浦ら：日本老樹名木天然記念物(1962)：no.1196	1961	618	—
上原：樹木図説2. イチョウ科(1970)：p.179	(1970)	620	—
環境庁：日本の巨樹・巨木林(1991)	1988	630	—
(各市町村の報告書、その他)			
著者実測	1999/3	624	
(2100年代)			
(2200年代)			

141/38i　愛媛県伊予郡砥部町五本松　常盤木神社［町天（1987.8 指定）］

幹がきれいな1本木。杉などに囲まれていない状況から考えて、天高く伸びる（写真 ①②）性格の木か。

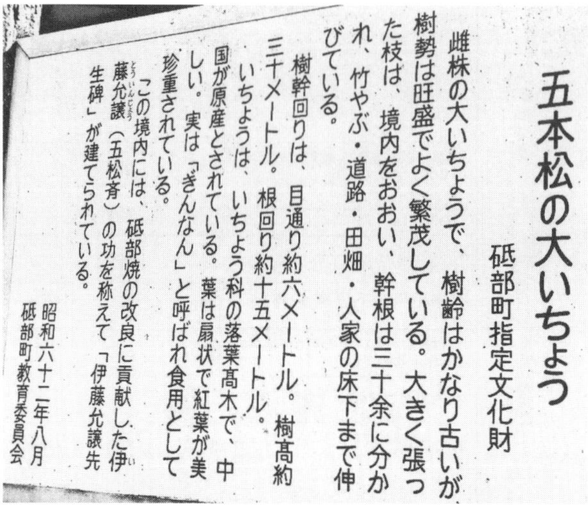
五本松の大いちょう
砥部町指定文化財
雌株の大いちょうで、樹齢はかなり古いが
樹勢は旺盛でよく繁茂している。大きく張っ
た枝は、境内をおおい、幹根は三十余に分か
れ、竹やぶ・道路・田畑・人家の床下まで伸
びている。
樹幹回りは、目通り約六メートル。樹高約
三十メートル。根回り約十五メートル。
いちょうは、いちょう科の落葉高木で、中
国が原産とされている。葉は扇状で紅葉が美
しい。実は「ぎんなん」と呼ばれ食用として
珍重されている。
「この境内には、砥部焼の改良に貢献した伊《い》
藤允譲《とういんじょう》（五松斉）の功を称えて「伊藤允譲先
生碑」が建てられている。
昭和六十二年八月
砥部町教育委員会

撮影日：2001.2.11

交　通：国道 379 号線→県道 53 号線→豊島医院前で右折→約 3 km 直進、左側。

資料名（発行年）	調査年/月	幹周（cm）	図写真
（古資料）			
本多：大日本老樹名木誌（1913）：no.	1912	—	—
三浦ら：日本老樹名木天然記念物（1962）：no.	1961	—	—
上原：樹木図説2. イチョウ科（1970）：p.	(1970)	—	—
現地解説板（指定日の値として）	(1987)	600	／
環境庁：日本の巨樹・巨木林（1991）	1988	600	—
木と語る　えひめの巨樹・名木（1990）：p.126	(1990)	600	+
（各市町村の報告書、その他）			
著者実測	2001/2	585	+
（2100年代）			
（2200年代）			

142/38c　愛媛県北宇和郡松野町蕨生《ワラビオ》字游鶴羽《ユヅリハ》　游鶴羽薬師如来

これまで地区の人にしか知られていないと思われるイチョウ。数本以上の並立・融合樹（写真 ④）。美しい棚田のなかに生える（写真 ③、下写真）。

撮影日：2001.7.21

交　通：国道 381 号線→県道 106 号線→本村バス停で左折→蕨生奥内のイチョウを通過して、約 2 km 進んだ左手、棚田の中。

資料名（発行年）	調査年/月	幹周（cm）	図写真
（古資料）			
本多：大日本老樹名木誌（1913）：no.	1912	—	—
三浦ら：日本老樹名木天然記念物（1962）：no.	1961	—	—
上原：樹木図説2. イチョウ科（1970）：p.	(1970)	—	—
環境庁：日本の巨樹・巨木林（1991）	1988	—	—
（各市町村の報告書、その他）			
著者実測	1999/2	650	+
（2100年代）			
（2200年代）			

143/38h　愛媛県東宇和郡城川町窪野　三滝神社 [県天(1951.11.27 指定)]

三滝城の大いちょう

斜面へ移行する縁に生えている(写真 ④)。ひこばえが多い質の木で、かなり太くなってから折損枯死した跡も残る(写真 ④)。枝振りはあばれ性(写真 ①)。

資料名(発行年)	調査年/月	幹周(cm)	図写真
(古資料)			
本多:大日本老樹名木誌(1913):no.	1912	—	—
現地解説板(指定日の値として)	(1951)	740	／
三浦ら:日本老樹名木天然記念物(1962):no.1193	1961	627	—
上原:樹木図説2. イチョウ科(1970):p.172	(1970)	630	—
環境庁:日本の巨樹・巨木林(1991)	1988	590	—
木と語る　えひめの巨樹・名木(1990):p.135	(1990)	800	
(各市町村の報告書、その他)			
著者実測	1999/3	590・215・68	+
(2100年代)			
(2200年代)			

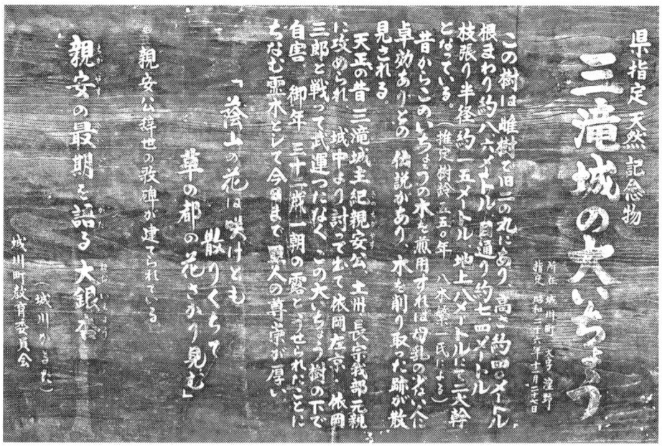

撮影日: 1999.3.8

交　通: 日吉村方向から国道 197 号線→古市で右折、三滝渓谷へ→6〜7 km 山頂に向けて進行、窪野に到る。

144/38l　愛媛県新居浜市角野　瑞応寺 [県天(1956.11.3 指定)]

5 本以上の並立・融合樹で(写真 ③④)、主幹は測定不可能。

資料名(発行年)	調査年/月	幹周(cm)	図写真
(古資料)			
本多:大日本老樹名木誌(1913):no.	1912	—	—
三浦ら:日本老樹名木天然記念物(1962):no.1222	1961	560	—
上原:樹木図説2. イチョウ科(1970):p.172	(1970)	560	—
環境庁:日本の巨樹・巨木林(1991)	1988	850(5)	—
木と語る　えひめの巨樹・名木(1990):p.20	(1990)	850(5)	+
(各市町村の報告書、その他)			
著者実測	1999/3	測定不可	+
(2100年代)			
(2200年代)			

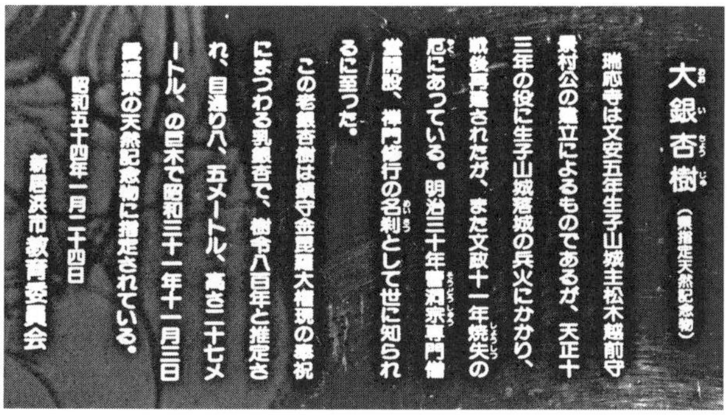

撮影日: 1999.3.5

交　通: 西条市方面から国道 11 号線→県道 11 号線→左折する 11 号線から外れて直進、右手。

145/39b 高知県須崎市栄町 6-7　園教寺［市天］
水吹きイチョウ

幹が天から圧縮を受けたような、瘤でつつまれた(写真 ⑤)特異な樹形。

撮影日：1999.12.23

交　通：土佐市方面から国道 56 号線→須崎市内のトンネル手前で左折。

資料名(発行年)	調査年/月	幹周(cm)	図写真
(古資料)			
本多：大日本老樹名木誌(1913)：no.	1912	—	—
三浦ら：日本老樹名木天然記念物(1962)：no.	1961	—	—
上原：樹木図説2. イチョウ科(1970)：p.	(1970)	—	—
環境庁：日本の巨樹・巨木林(1991)	1988	600	—
(各市町村の報告書、その他)			
著者実測	1999/12	656	+
(2100年代)			
(2200年代)			

146/39a 高知県高岡郡中土佐町上の加江笹場　公有地

主幹とする部分は 2 本の融合と思われ、その他に 3 本並立し、切断枯死した幹もある(写真 ④)。

撮影日：1999.7.16

交　通：須崎市方面から窪川町に向けて国道 56 号線→トンネル過ぎて左折→笹場に到る、進行右側。

資料名(発行年)	調査年/月	幹周(cm)	図写真
(古資料)			
本多：大日本老樹名木誌(1913)：no.	1912	—	—
三浦ら：日本老樹名木天然記念物(1962)：no.1242	1961	479	—
上原：樹木図説2. イチョウ科(1970)：p.175	(1970)	480	—
環境庁：日本の巨樹・巨木林(1991)	1988	920	—
(各市町村の報告書、その他)			
著者実測	1999/7	660・76・2α	+
(2100年代)			
(2200年代)			

147/40a 福岡県京都《ミヤコ》郡犀川町扇谷字谷が迫 88　大山祇《オオヤマヅミ》神社 [町天（1998.11.26 指定）]

湿度が高く、周囲が杉その他で囲まれ、かつ谷筋の斜面に建つ神社の本殿に直近して生育するため、樹肌はコケ植物や微小藻類で覆われている（写真 ④）。こうした条件が影響して、他のイチョウに比べて幹の表面が平滑でない（写真 ②④⑤）点が特異である。

資料名（発行年）	調査年/月	幹周（cm）	図写真
（古資料）			
本多：大日本老樹名木誌（1913）：no.	1912	—	—
三浦ら：日本老樹名木天然記念物（1962）：no.	1961	—	—
上原：樹木図説2. イチョウ科（1970）：p.	(1970)	—	—
環境庁：日本の巨樹・巨木林（1991）	1988	640	—
現地解説板（指定日の値として）	(1998)	460	／
（各市町村の報告書、その他）			
著者実測	2000/3	640	＋
（2100年代）			
（2200年代）			

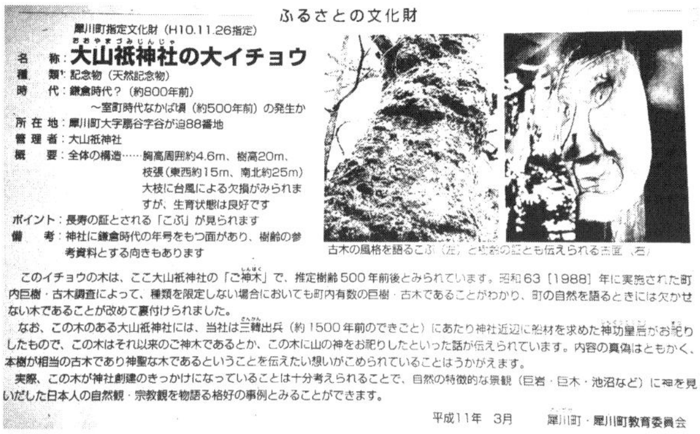
ふるさとの文化財

犀川町指定文化財（H10.11.26指定）

名　称：大山祇神社《おおやまづみじんじゃ》の大イチョウ
種　類：記念物（天然記念物）
時　代：鎌倉時代？（約800年前）
　　　　〜室町時代なかば頃（約500年前）の発生か
所在地：犀川町大字扇谷字谷が迫88番地
管理者：大山祇神社
概　要：全体の構造……胸高周囲約4.6m、樹高20m、
　　　　枝張（東西約15m、南北約25m）
　　　　大枝に台風による欠損がみられますが、生育状態は良好です
ポイント：長寿の証とされる「こぶ」が見られます
備　考：神社に鎌倉時代の年号をもつ面があり、樹齢の参考資料とする向きもあります

古木の風格を語るこぶ（左）と[illegible]の証とも伝えられる[illegible]（右）

このイチョウの木は、ここ大山祇神社の「ご神木《しんぼく》」で、推定樹齢500年前後とみられています。昭和63［1988］年に実施された町内巨樹・古木調査によって、種類を限定しない場合においても町内有数の巨樹・古木であることがわかり、町の自然を語るときには欠かせない木であることが改めて裏付けられました。

なお、この木のある大山祇神社には、当社は三韓《さんかん》出兵（約1500年前のできごと）にあたり神社近辺に船材を求めた神功皇后がお祀りしたもので、この木はそれ以来のご神木であるとか、この木に山の神をお祀りしたといった話が伝えられています。内容の真偽はともかく、本樹が相当の古木であり神聖な木であるということを伝えたい想いがこめられていることはうかがえます。

実際、この木が神社創建のきっかけになっていることは十分考えられることで、自然の特徴的な景観（巨岩・巨木・池沼など）に神を見いだした日本人の自然観・宗教観を物語る格好の事例とみることができます。

平成11年　3月　　犀川町・犀川町教育委員会

撮影日：200.3.27

交　通：犀川町市街から国道 496 号線を英彦山に向けて進み、野峠の登り口にさしかかる右側。神社の指示看板あり。

148/40b 福岡県甘木《アマギ》市荷原《ニナイバル》寺内　美奈宜《ミナギ》神社 [市天（1992.9.14 指定）]

きれいな 1 本木。幹上部にある、切断された太枝の先から枝が箒状に伸びる。

資料名（発行年）	調査年/月	幹周（cm）	図写真
（古資料）			
本多：大日本老樹名木誌（1913）：no.	1912	—	—
三浦ら：日本老樹名木天然記念物（1962）：no.	1961	—	—
上原：樹木図説2. イチョウ科（1970）：p.	(1970)	—	—
環境庁：日本の巨樹・巨木林（1991）	1988	590	—
現地解説板（指定日の値として）	(1992)	600	／
古賀：福岡県の巨木（1999）：p.36	1998/11	582	—
著者実測	2000/11	610	＋
（2100年代）			
（2200年代）			

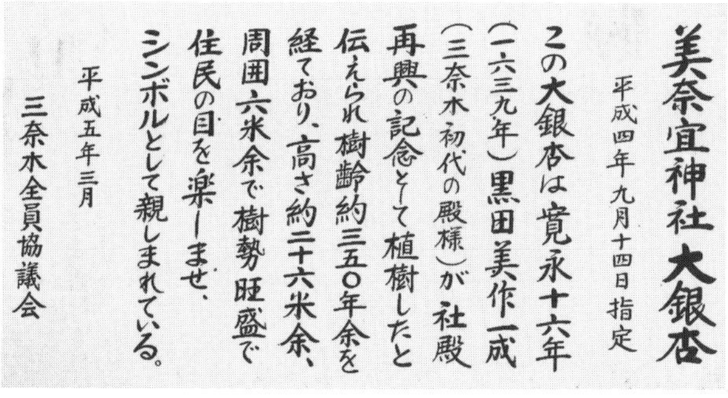

撮影日：2000.11.23

交　通：国道 386 号線→県道 509 号線→約 4 km、進行方向左側。

149/40c　福岡県福岡市博多区祇園町4-50　萬行寺

土盛りの上に立ち、3mくらいの高さから2又に分かれている(写真 ③)。2本の融合樹と思われる。

撮影日：2000.3.25

交　通：(省略)

資料名(発行年)	調査年/月	幹周(cm)	図写真
(古資料)			
本多：大日本老樹名木誌(1913)：no.	1912	—	—
三浦ら：日本老樹名木天然記念物(1962)：no.	1961	—	—
上原：樹木図説2. イチョウ科(1970)：p.	(1970)	—	—
環境庁：日本の巨樹・巨木林(1991)	1988	613	—
(各市町村の報告書、その他)			
著者実測	2000/3	612	+
(2100年代)			
(2200年代)			

150/40d　福岡県宗像市池田*　孔大寺神社［県天(1956.7.28 指定)］

［＊旧 玄海町；2003.4 宗像市と合併、新設］

神社の入口から、30分ほどかけて険しい道を登ったところにある。この木は雄なので、ギンナンはならないのが普通であるが、あるいは一部が雌であるかもしれない。近くには、この木より若いイチョウが生育している。

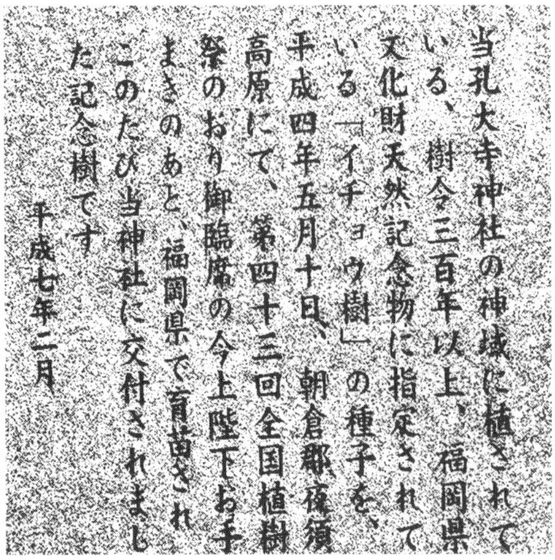

撮影日：2000.11.27

交　通：国道495号線→県道75号線→池田で「孔大寺参道」の看板あり。

資料名(発行年)	調査年/月	幹周(cm)	図写真
(古資料)			
本多：大日本老樹名木誌(1913)：no.	1912	—	—
三浦ら：日本老樹名木天然記念物(1962)：no.1210	1961	600	—
上原：樹木図説2. イチョウ科(1970)：p.178	(1970)	600	—
環境庁：日本の巨樹・巨木林(1991)	1988	600	—
古賀：福岡県の巨木(1999)：p.36	1999/4	583	—
(各市町村の報告書、その他)			
著者実測	2000/11	605	+
(2100年代)			
(2200年代)			

151/40e　福岡県福岡市博多区上川端町 1-41　櫛田神社［県天］

［福岡市社家町 27[2, 3]］

解説板には、ギナンと書いてある。長崎から帰国して「廻国奇観」を書いたケンペルは、このギナンを記している。

資料名（発行年）	調査年/月	幹周（cm）	図写真
（古資料）			
本多：大日本老樹名木誌（1913）：no.	1912	—	—
三浦ら：日本老樹名木天然記念物（1962）：no.1214	1961	580 ♂	—
上原：樹木図説2. イチョウ科（1970）：p.178	(1970)	580 ♂	—
環境庁：日本の巨樹・巨木林（1991）	1988	600	—
古賀：福岡県の巨木（1999）：p.36	1999/4	599	—
（各市町村の報告書、その他）			
著者実測	2000/3	597	+
（2100年代）			
（2200年代）			

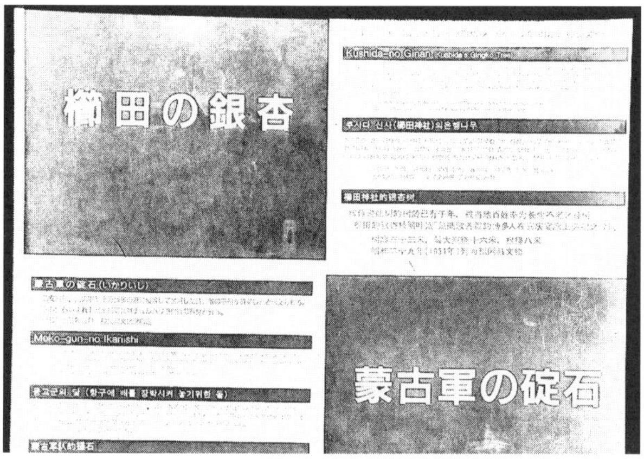

撮影日：2000.3.25

交　通：（省略）

152/40g　福岡県田川郡香春《カワラ》町（殿田）　神宮院［県天（指定番号 17 号）］

きれいな 1 本木。初めて訪れた 2000 年 3 月下旬、木のまわりに多数のサルがいた（写真 ③）。古文書には、サルよけに果樹のまわりにイチョウを植えるという記述と、ギンナンを剝いてサルの手の皮膚が剝けていたという記述がある。ここのサルがギンナン（当地では、ギナンという）を食べるかどうかを確認したことはないが、九州ではよく山林中に生育するイチョウを見かける。あるいはイチョウの種子散布にサルがかかわっているのかもしれない。現在までのところ、ギンナンの散布にはホンドダヌキとツキノワグマの関与が知られているだけで、興味深い状況である。

資料名（発行年）	調査年/月	幹周（cm）	図写真
（古資料）			
本多：大日本老樹名木誌（1913）：no.	1912	—	—
三浦ら：日本老樹名木天然記念物（1962）：no.1197	1961	615 ♀	—
上原：樹木図説2. イチョウ科（1970）：p.177	(1970)	620	—
環境庁：日本の巨樹・巨木林（1991）	1988	560	—
（各市町村の報告書、その他）			
著者実測	2000/3	586	+
（2100年代）			
（2200年代）			

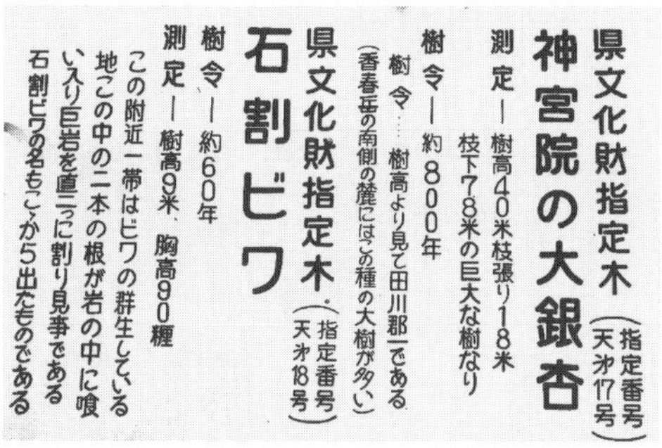

撮影日：2000.3.27

交　通：九州自動車道「小倉南」IC→国道 322 号線→香春町内で「神宮院」の看板で右折、神宮院に到る。

153/40f　福岡県朝倉郡杷木町赤谷《アカダニ》倉谷　堀氏敷地内・奥株

敷地内に2本のイチョウがある。イチョウの横を県道590号線が通り、この木は道路から奥側にあるイチョウ。下の写真は県道と手前にあるイチョウが写っている。

撮影日： 1999.7.27

交　通： 大分自動車道「杷木」IC→国道386号線→県道52号線→バス停「赤谷」で左折→県道590号線1分、登り坂の右側。

資料名(発行年)	調査年/月	幹周(cm)	図写真
(古資料)			
本多：大日本老樹名木誌(1913)：no.	1912	—	—
三浦ら：日本老樹名木天然記念物(1962)：no.1197	1961	—	—
上原：樹木図説2. イチョウ科(1970)：p.177	(1970)	—	—
環境庁：日本の巨樹・巨木林(1991)	1988	810(2)	
(各市町村の報告書、その他)			
著者実測	2000/11	590・215・α	+
(2100年代)			
(2200年代)			

154/40i　福岡県朝倉郡宝珠山《ホウシュヤマ》村(岩屋)　岩屋神社［県天(1960.8.5指定)］

かなり太く生長したイロハカエデ、その他の植物が着生している。着生植物によるイチョウ本体の侵食が危惧される。5本以上の並立樹か(写真 ②③)。

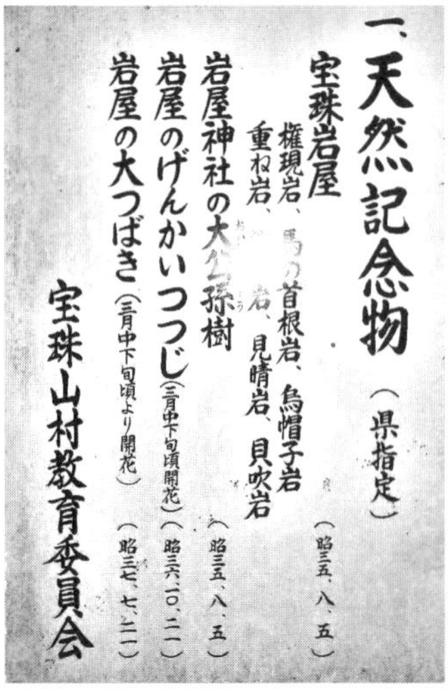

撮影日： 1999.7.27

交　通： 国道211号線→県道600号線→「ちくぜんいわや」駅を過ぎて、岩屋公園、岩屋神社に到る。

資料名(発行年)	調査年/月	幹周(cm)	図写真
(古資料)			
本多：大日本老樹名木誌(1913)：no.	1912	—	—
三浦ら：日本老樹名木天然記念物(1962)：no.(追録)	1961	590	—
上原：樹木図説2. イチョウ科(1970)：p.177	(1970)	—	—
環境庁：日本の巨樹・巨木林(1991)	1988	主幹545 903	—
古賀：福岡県の巨木(1999)：p.36	1999/2	446	—
平岡：巨樹探検(1999)：p.287	(1999)	903	—
著者実測	1999/7	560・5α	+
(2100年代)			
(2200年代)			

155/40h　福岡県久留米市大橋町蜷川 1012　筥崎八幡宮 [県天(1986.8.28 指定)]

太く育ったひこばえを 2 本持つ(写真 ③④)。主幹と融合して、たくましい根元を形成(写真 ③④)。露出根はない。

資料名(発行年)	調査年/月	幹周(cm)	図写真
(古資料)			
本多:大日本老樹名木誌(1913):no.	1912	—	—
三浦ら:日本老樹名木天然記念物(1962):no.	1961	—	—
上原:樹木図説2. イチョウ科(1970):p.	(1970)	—	—
環境庁:日本の巨樹・巨木林(1991)	1988	主幹530 790(3)	—
(各市町村の報告書、その他)			
著者実測	1999/7	564•166•113	+
(2100年代)			
(2200年代)			

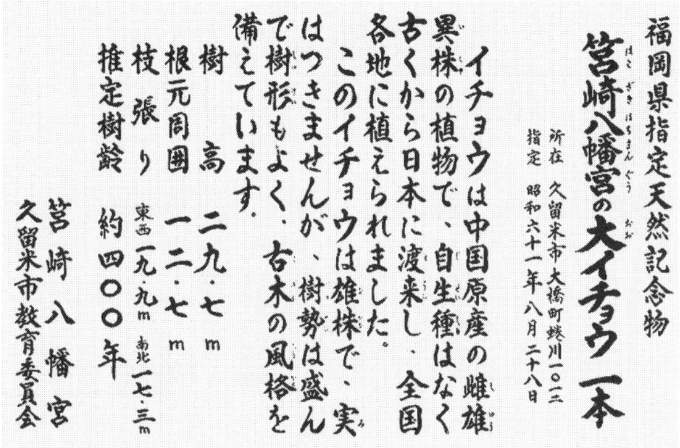
福岡県指定天然記念物
筥崎《はこざき》八幡宮《はちまんぐう》の大《おお》イチョウ一本
所在　久留米市大橋町蜷川一〇一二
指定　昭和六十一年八月二十八日
イチョウは中国原産の雌雄異株の植物で、自生種はなく古くから日本に渡来し、全国各地に植えられました。
このイチョウは雄株で、実はつきませんが、樹勢は盛んで樹形もよく、古木の風格を備えています。
樹　高　二九・七m
根元周囲　一二・七m
枝張り　東西一九・九m　南北一七・三m
推定樹齢　約四〇〇年
筥崎八幡宮
久留米市教育委員会

撮影日: 1999.7.27

交　通:国道 210 号線→県道 742 号線→県道 81 号線につきあたり、左折→81 号線、右側。

156/42b　長崎県下県《シモアガタ》郡豊玉町千尋藻《チロモ》*　六御前《ムツノゴゼン》神社 [県天(1972.8.15 指定)]

[＊ 2004.3 対馬市となる予定]

樹肌が象肌(写真 ④⑥)、幹の形状も特異で、東・中部日本ではほとんど見ることのない特徴を持つ。

資料名(発行年)	調査年/月	幹周(cm)	図写真
(古資料)			
本多:大日本老樹名木誌(1913):no.	1912	—	—
三浦ら:日本老樹名木天然記念物(1962):no.	1961	—	—
上原:樹木図説2. イチョウ科(1970):p.	(1970)	—	—
現地解説板(指定日の値として)	(1972)	600	／
環境庁:日本の巨樹・巨木林(1991)	1988	640	—
(各市町村の報告書、その他)			
著者実測	2000/3	606	+
(2100年代)			
(2200年代)			

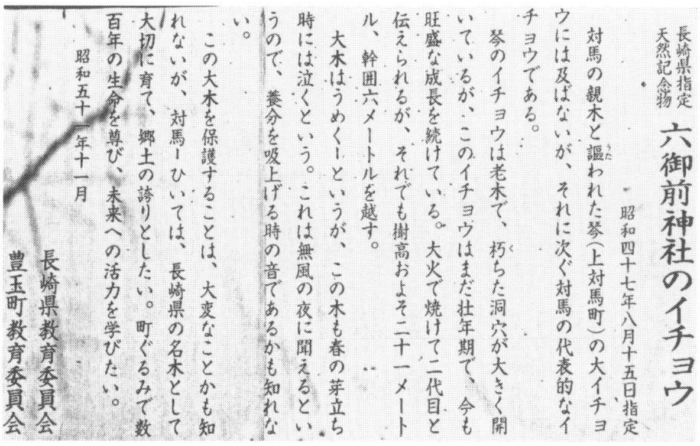
長崎県指定天然記念物
六御前神社のイチョウ
昭和四十七年八月十五日指定
対馬の親木と謳《うた》われた琴(上対馬町)の大イチョウには及ばないが、それに次ぐ対馬の代表的なイチョウである。
琴のイチョウは老木で、朽ちた洞穴が大きく開いているが、このイチョウはまだ壮年期で、今も旺盛な成長を続けている。大火で焼けて二代目と伝えられるが、それでも樹高およそ二十一メートル、幹囲六メートルを越す。
大木はうめくーというが、この木も春の芽立ち時には泣くという。これは無風の夜に聞えるというので、養分を吸上げる時の音であるかも知れない。
この大木を保護することは、大変なことかも知れないが、対馬ーひいては、長崎県の名木として大切に育て、郷土の誇りとしたい。町ぐるみで数百年の生命を尊び、未来への活力を学びたい。
昭和五十一年十一月
長崎県教育委員会
豊玉町教育委員会

撮影日: 2000.3.26

交　通:国道 382 号線→県道 39 号線約 2 km で左折、まもなく橋を渡って左手。

157/42a　長崎県北松浦郡鷹島町三里免《サンリメン》字平野　今宮神社［県天］

［北松浦郡鷹島村三里免字平野[2,3]］

地面から数十 cm のところまで融合した２本並立樹と思われる（写真 ④⑤）。太い幹の方には、長い乳が発達している（写真 ①⑤）。

撮影日：2000.3.25

交　通：県道 158 号線を南下、左手。

資料名（発行年）	調査年/月	幹周（cm）	図写真
（古資料）			
本多：大日本老樹名木誌（1913）：no.	1912	—	—
三浦ら：日本老樹名木天然記念物（1962）：no.1263	1961	394	—
上原：樹木図説2. イチョウ科（1970）：p.181	(1970)	400	—
環境庁：日本の巨樹・巨木林（1991）	1988	主幹428 812(2)	—
（各市町村の報告書、その他）			
著者実測	2000/3	共通幹周 655 (455・287)	＋
（2100年代）			
（2200年代）			

158/42c　長崎県壱岐郡勝本町字布気触《フケフレ》　水《ミズノ》神社［町天］

道路に面した側は地上から空洞化し（写真 ②）、背側にも穴があいていて、傷痕厳しいものがある。しかし、表層数 cm のみ幹が輪郭状に残り、内部の木部は完全消失しても生きているイチョウが全国に他に２本あり、それらよりははるかに健常に見えるのがうれしい。

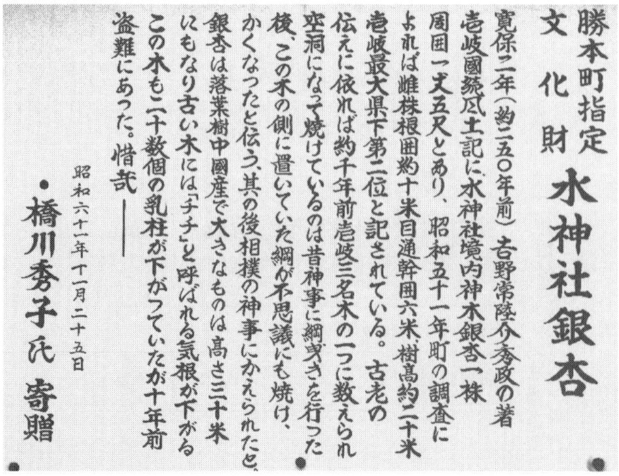

撮影日：2000.3.26

交　通：国道 382 号線を北上し、「壱岐風土記の丘」を過ぎ左手。

資料名（発行年）	調査年/月	幹周（cm）	図写真
（古資料）			
本多：大日本老樹名木誌（1913）：no.	1912	—	—
三浦ら：日本老樹名木天然記念物（1962）：no.	1961	—	—
上原：樹木図説2. イチョウ科（1970）：p.	(1970)	—	—
現地解説板（指定日の値として）	(1976)	600	／
壱岐の生物	1977	544 ♀	—
環境庁：日本の巨樹・巨木林（1991）	1988	620(2)	—
（各市町村の報告書、その他）			
著者実測	2000/3	576・122	＋
（2100年代）			
（2200年代）			

159/43a　熊本県下益城《シモマシキ》郡城南町阿高　竹下水神［町天］

幹がきれいな１本木(写真 ①)。11 年で 34 cm生長、3.09 cm/年となる。

竹下のイチョウ

撮影日： 1999.7.25

交　通： 国道 266 号線→県道 38 号線→2 km 弱先の左側。

資料名(発行年)	調査年/月	幹周(cm)	図写真
(古資料)			
本多：大日本老樹名木誌(1913)：no.	1912	—	—
三浦ら：日本老樹名木天然記念物(1962)：no.	1961	—	—
上原：樹木図説2. イチョウ科(1970)：p.	(1970)	—	—
環境庁：日本の巨樹・巨木林(1991)	1988	650	—
(各市町村の報告書、その他)			
著者実測	1999/7	684	＋
(2100年代)			
(2200年代)			

160/43c　熊本県球磨郡五木村(宮園)九折瀬《ツヅラセ》　九折瀬観音堂［村天］

山並みを背に生きる姿は美しい(写真 ①②)。幹の上部までつた類が巻きつき(写真 ①④)、早急な除去が望まれる。

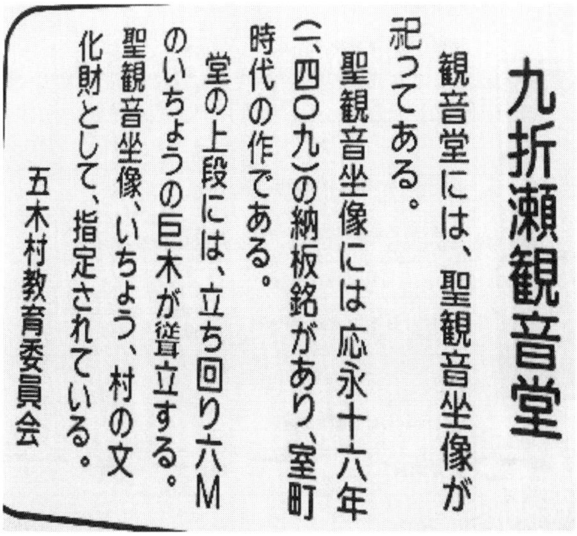
九折瀬観音堂
観音堂には、聖観音坐像が祀ってある。
聖観音坐像には応永十六年(一四〇九)の納板銘があり、室町時代の作である。
堂の上段には、立ち回り六Mのいちょうの巨木が聳立する。
聖観音坐像、いちょう、村の文化財として、指定されている。
五木村教育委員会

撮影日： 2000.11.24

交　通： 国道 445 号線を北上→九折瀬で国道から離れ右方向に入る。

資料名(発行年)	調査年/月	幹周(cm)	図写真
(古資料)			
本多：大日本老樹名木誌(1913)：no.	1912	—	—
三浦ら：日本老樹名木天然記念物(1962)：no.	1961	—	—
上原：樹木図説2. イチョウ科(1970)：p.	(1970)	—	—
環境庁：日本の巨樹・巨木林(1991)	1988	600	—
現地解説板(指定当時の値として)	?	600	／
(各市町村の報告書、その他)			
著者実測	2001/3	640	＋
(2100年代)			
(2200年代)			

161/43d 熊本県阿蘇郡高森町津留（字小鶴 146）
小鶴年祢《トシネ》神社（通称 津留年之神）

幹がきれいな 1 本木(写真 ①④)。12 年で 52 cmの生長。4.3 cm/年となる。

資料名(発行年)	調査年/月	幹周(cm)	図写真
(古資料)			
本多:大日本老樹名木誌(1913):no.	1912	—	—
三浦ら:日本老樹名木天然記念物(1962):no.	1961	—	—
上原:樹木図説2. イチョウ科(1970):p.	(1970)	—	—
環境庁:日本の巨樹・巨木林(1991)	1988	635	—
(各市町村の報告書、その他)			
著者実測	2000/3	687	+
(2100年代)			
(2200年代)			

撮影日： 2000.3.10

交　通： 南阿蘇鉄道「みはらしだい」駅と「あそしらかわ」駅の中間の位置、県道 28 号線沿い。

162/43e 熊本県阿蘇郡高森町野尻川上　川上神社
[ふるさと熊本の樹木(1993.4.26 登録)]

幹がきれいな 1 本木(写真 ③④)。露出根なし(写真 ④)。

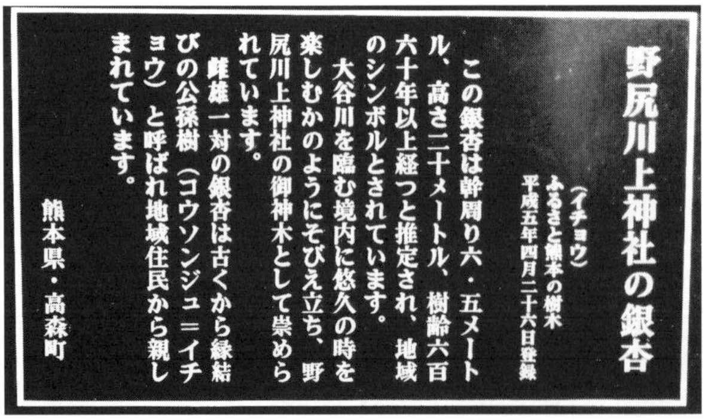

資料名(発行年)	調査年/月	幹周(cm)	図写真
(古資料)			
本多:大日本老樹名木誌(1913):no.	1912	—	—
三浦ら:日本老樹名木天然記念物(1962):no.	1961	—	—
上原:樹木図説2. イチョウ科(1970):p.	(1970)	—	—
環境庁:日本の巨樹・巨木林(1991)	1988	650	—
(各市町村の報告書、その他)			
著者実測	2000/3	635	+
(2100年代)			
(2200年代)			

撮影日： 2000.3.10

交　通： 国道 325 号線→高森町草部、GS で農免道路に入る→県道 212 号線にぶつかる(高森東小学校前)→右折、212 号を進む→県道 8 号線につきあたる→右折、8 号線を竹田方面に進む→県道 41 号線につきあたる→左折、41 号線を進む→2 又(バス停「川上」あり)で右側に登る。まもなく左手下方。

163/43f 熊本県鹿本郡菊鹿町上内田原《ハル》　坂口氏敷地内

[鹿本郡内田村大字上内田・隼人ノ公孫樹[1];鹿本郡菊鹿村上内田・隼人の公孫樹[2, 3]]

環境庁[4]には菊鹿町に登録されたイチョウはない。資料[1]~[3]をもとに現地に出かけたが、何人かに尋ねても誰も知らない。断念する寸前に会った、小学校の先生がどこそこに太いイチョウがあったような気がするという情報を頼りに行き、会えた。きれいな1本木(写真 ①②)。誰も、「隼人の…」の名は知らなかった。

資料名(発行年)	調査年/月	幹周(cm)	図写真
(古資料)			
本多:大日本老樹名木誌(1913):no.501	1912	606	—
三浦ら:日本老樹名木天然記念物(1962):no.1204	1961	606	—
上原:樹木図説2. イチョウ科(1970):p.184	(1970)	600	—
環境庁:日本の巨樹・巨木林(1991)	1988	—	—
(各市町村の報告書、その他)			
著者実測	2000/11	620	+
(2100年代)			
(2200年代)			

撮影日: 2001.3.10

交　通:国道325号線→県道9号線→県道18号線と合走→右側に「灰坂」の地名が見えたら、そこで右折、少々上る→バス停「原」の近傍。

164/43g 熊本県阿蘇郡高森町草部社倉《クサカベシャクラ》　真覚寺(大日さん)

きれいな1本木(写真 ①)。根元がたくましく膨らんでいる(写真 ⑤)。

資料名(発行年)	調査年/月	幹周(cm)	図写真
(古資料)			
本多:大日本老樹名木誌(1913):no.	1912	—	—
三浦ら:日本老樹名木天然記念物(1962):no.	1961	—	—
上原:樹木図説2. イチョウ科(1970):p.	(1970)	—	—
環境庁:日本の巨樹・巨木林(1991)	1988	600	—
(各市町村の報告書、その他)			
著者実測	2000/3	600	+
(2100年代)			
(2200年代)			

撮影日: 2000.3.10

交　通:国道325号線を高千穂方面に進む→社倉で、325号から外れて右折すれば吉見神社に到る地点から、さらに約100mほど進み左折(食堂がある)→数百mで真覚寺に到る。

165/43b 熊本県熊本市元三町３丁目　諏訪神社

写真 ① を見たとき、撮影日を見なければ、春の芽吹き前のイチョウとは気が付かないかもしれない。それほどまでにつたに覆われた木である。早期に除去しないと、この木の将来が危ない。

撮影日：2000.3.10

交　通：国道３号線南下→緑川の少し手前を左に入る→堤防沿い。

資料名（発行年）	調査年/月	幹周（cm）	図写真
（古資料）			
本多：大日本老樹名木誌（1913）：no.	1912	—	—
三浦ら：日本老樹名木天然記念物（1962）：no.	1961	—	—
上原：樹木図説2. イチョウ科（1970）：p.	(1970)	—	—
環境庁：日本の巨樹・巨木林（1991）	1988	640	—
（各市町村の報告書、その他）			
著者実測	2000/3	644	＋
（2100年代）			
（2200年代）			

166/43h 熊本県菊池市赤星字下赤星　赤星菅原神社

もとはきれいな１本木であったであろう。斜傾して立ち（写真 ①）、上部は切断されている（写真 ①）。幹の一部が本体下部から弓状に分離し、上部で融合する（写真 ②）。このような形状のイチョウは、知る限り他にない。

撮影日：2000.11.25

交　通：国道 387 号線と国道 325 が合流する「北原交差点」を頂点として、両国道とそれらをつなぐ県道 139 号線で囲まれた三角形の中心付近。

資料名（発行年）	調査年/月	幹周（cm）	図写真
（古資料）			
本多：大日本老樹名木誌（1913）：no.	1912	—	—
三浦ら：日本老樹名木天然記念物（1962）：no.	1961	—	—
上原：樹木図説2. イチョウ科（1970）：p.	(1970)	—	—
環境庁：日本の巨樹・巨木林（1991）	1988	571	—
（各市町村の報告書、その他）			
著者実測	2000/11	600	＋
（2100年代）			
（2200年代）			

167/44a　大分県南海部《ミナミアマベ》郡宇目町(南田原《タバル》字)柳瀬2391　矢野氏敷地内

2000年11月の日暮れの近づくなか、ようやくこの木にたどり着いたとき、周囲は土地整備が始まったばかりだったため、一方向からしか観察できなかった(写真 ②③)。裸木像を撮影のため再訪した2003年3月、木の上端までつた類でおおわれていることが見て取れた(追補写真 ⑤)。四国、九州では、つる性の着生植物に困惑している(?)イチョウの姿をよく見る。

撮影日：2000.11.25

交　通：三重町方面から国道326号線→道の駅「うめ」を通過、ダムの橋を渡ったところで右折、登り→2～3 km先の「陶芸館」近く。

資料名(発行年)	調査年/月	幹周(cm)	図写真
(古資料)			
本多：大日本老樹名木誌(1913)：no.	1912	—	—
三浦ら：日本老樹名木天然記念物(1962)：no.	1961	—	—
上原：樹木図説2. イチョウ科(1970)：p.	(1970)	—	—
環境庁：日本の巨樹・巨木林(1991)	1988	650	—
(各市町村の報告書、その他)			
著者実測	2000/11	675・α	+
(2100年代)			
(2200年代)			

168/44b　大分県日田市求来里《ククリ》(神来《カミク》町)　元大原神社

地面から数メートルの高さまでの幹と、その上部とでは樹肌模様が異なる(写真 ①④)。上部は一般に見られるイチョウの樹肌(写真 ①)。上部の枝にかなりの折損被害が見られる(写真 ③)。

撮影日：2000.3.11

交　通：国道210号線沿い。市内から進行方向左側。

資料名(発行年)	調査年/月	幹周(cm)	図写真
(古資料)			
本多：大日本老樹名木誌(1913)：no.	1912	—	—
三浦ら：日本老樹名木天然記念物(1962)：no.	1961	—	—
上原：樹木図説2. イチョウ科(1970)：p.	(1970)	—	—
環境庁：日本の巨樹・巨木林(1991)	1988	630	—
(各市町村の報告書、その他)			
著者実測	2000/3	670	+
(2100年代)			
(2200年代)			

169/44c　大分県日田市三本松２丁目　圣王天明神・左株

［日田郡日田町大字豆田字大地蔵[1]；日田市大字豆田字大地蔵[2, 3]］

この天明神の前には２本(右側、推定幹周 850 cm、左側幹周 600 cm)のイチョウが並び(写真 ③、下図)、互いは 30 cm くらいに盛りあがった根部でつながっている。ここで取りあげている木は、左側の株である。生育も正常である。しかし、右側は、樹表部分だけが残り、内芯部分は地面まで完全消失し、すさまじい様相を呈する。しかし生きている。これまでの資料に示された幹周値はどちらの株を指したものか不明である。なぜ２本とも記録されなかったのか？

撮影日： 2000.11.26

交　通：（詳細略）日田市商工会議所横。

資料名（発行年）	調査年/月	幹周（cm）	図写真
（古資料）			
本多：大日本老樹名木誌（1913）：no.480	1912	(758)	—
三浦ら：日本老樹名木天然記念物（1962）：no.1160	1961	(758)	—
上原：樹木図説2. イチョウ科（1970）：p.179	(1970)	(760)	—
環境庁：日本の巨樹・巨木林（1991）	1988	577	—
（各市町村の報告書、その他）			
著者実測	2000/3	600	＋
（2100年代）			
（2200年代）			

170/44d　大分県球磨郡九重町松木 1101　公有地［町天（1981.10.14 指定）］

川下の乳イチョウ

太枝が頻繁に払われるようで、樹形は異形を呈している(写真 ①)。根部は無数の萌芽で囲まれている(写真 ③)。近くの畑には栽培イチョウが多数見られる。

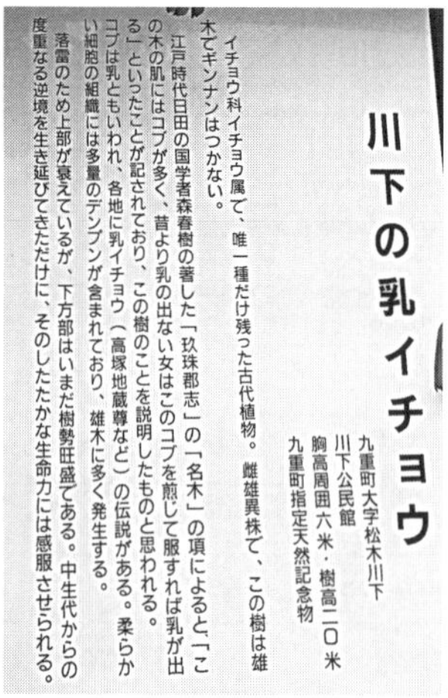

撮影日： 2000.3.11

交　通： 国道 210(& 387)号線→JR 久大本線「えら」駅へ→県道 409 号線→左側に「宝八幡宮入口」の看板が見えたら、その横を入る。

資料名（発行年）	調査年/月	幹周（cm）	図写真
（古資料）			
本多：大日本老樹名木誌（1913）：no.	1912	—	—
三浦ら：日本老樹名木天然記念物（1962）：no.	1961	—	—
上原：樹木図説2. イチョウ科（1970）：p.	(1970)	—	—
環境庁：日本の巨樹・巨木林（1991）	1988	600	—
（各市町村の報告書、その他）			
著者実測		未測定	＋
（2100年代）			
（2200年代）			

171/45a 宮崎県えびの市原田 3453　えびの市役所飯野出張所
[町天(1935.7.2 指定)]　[西諸県郡飯野町[2, 3]]　飯野イチョウ

どっしりした根元(写真 ③④)の上の、夏(写真 ①)、秋(写真 ②)の姿に魅せられて訪れた三度目の冬の姿(追補写真 ⑥)は、この木が直面する状況を映し、幹上部が切断されていることが見て取れた。

「追補」も参照。

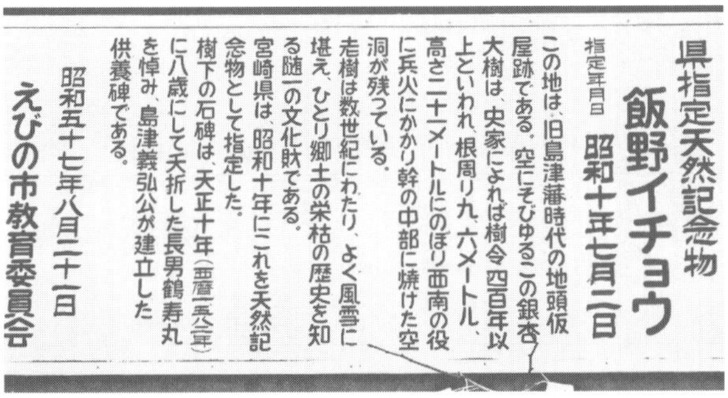

撮影日：2000.11.26

交　通：えびの市街から小林市に向かって国道 221(& 268)号線→「亀城」で「亀城公園」側に左折、すぐ。

資料名(発行年)	調査年/月	幹周(cm)	図写真
(古資料)			
本多：大日本老樹名木誌(1913)：no.	1912	—	—
三浦ら：日本老樹名木天然記念物(1962)：no.1207	1961	606	—
上原：樹木図説2. イチョウ科(1970)：p.185	(1970)	600	—
環境庁：日本の巨樹・巨木林(1991)	1988	615	—
(各市町村の報告書、その他)			
著者実測	2000/11	665	＋
(2100年代)			
(2200年代)			

172/45b 宮崎県都城市都島《ミヤコジマ》町(字岳下)　龍峯寺墓地内

枝の折損は少ないが(写真 ①)、つる性の着生植物が多く(写真 ①④⑤)、将来が危惧される。

撮影日：2000.3.9

交　通：末吉町に向かって国道 10(& 269)号線→「姫城歩道橋」を通過→両国道が分岐する「大岩田」で右折進行→T 字路の正面(松山酒店前)。

資料名(発行年)	調査年/月	幹周(cm)	図写真
(古資料)			
本多：大日本老樹名木誌(1913)：no.	1912	—	—
三浦ら：日本老樹名木天然記念物(1962)：no.	1961	—	—
上原：樹木図説2. イチョウ科(1970)：p.	(1970)	—	—
環境庁：日本の巨樹・巨木林(1991)	1988	620	—
(各市町村の報告書、その他)			
著者実測	2000/3	642	＋
(2100年代)			
(2200年代)			

173/45c　宮崎県西臼杵郡高千穂町押方（下押方）　押方地蔵尊

樹肌に杯をちりばめたような小突起が幹表面全体に見られる（写真 ③④）特異な様相。きれいな１本木。

撮影日：2000.11.25

交　通：五ヶ瀬町方面から国道 218 号線→高千穂町境を通過してまもなく下り坂の途中、右側にスーパーあり→そこで左方向に坂を上る→細い道を進む→「押方家」を右折、前方左手。

資料名（発行年）	調査年/月	幹周（cm）	図写真
（古資料）			
本多：大日本老樹名木誌（1913）：no.	1912	—	—
三浦ら：日本老樹名木天然記念物（1962）：no.	1961	—	—
上原：樹木図説2. イチョウ科（1970）：p.	(1970)	—	—
環境庁：日本の巨樹・巨木林（1991）	1988	590	—
（各市町村の報告書、その他）			
著者実測	2000/11	586	+
（2100年代）			
（2200年代）			

174/45d　宮崎県西諸県郡高原《タカハル》町狭野《サノ》　狭野神社

道路面より高い盛土状のところに生育しているので、根でしっかり大地をつかもうとしているような様相である。根部の形状が特徴的である（写真 ⑤）。幹周値は、測定する高さによってまちまちになるであろう。境内の社叢に囲まれ、丈高く伸びている（写真 ①②）。

撮影日：2000.3.9

交　通：宮崎自動車道「高原」IC→国道 223 号線→県道 406 号線→曲がってすぐ右側。

資料名（発行年）	調査年/月	幹周（cm）	図写真
（古資料）			
本多：大日本老樹名木誌（1913）：no.	1912	—	—
三浦ら：日本老樹名木天然記念物（1962）：no.	1961	—	—
上原：樹木図説2. イチョウ科（1970）：p.	(1970)	—	—
環境庁：日本の巨樹・巨木林（1991）	1988	670	—
（各市町村の報告書、その他）			
著者実測	2000/3	586	+
（2100年代）			
（2200年代）			

175/45e　宮崎県宮崎市生目《イキメ》 345　生目《イクメ》神社 ［みやざきの巨樹百選（1992.3 認定）］

地上 160 cm くらいのところで 2 又分岐（写真 ⑥）。樹肌のきれいな木。

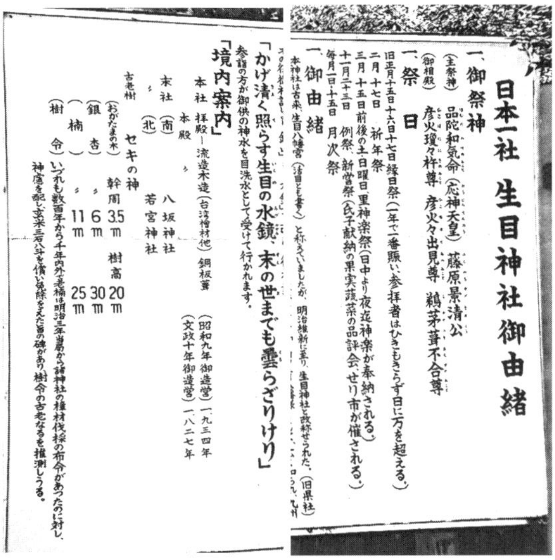

撮影日：2000.3.9

交　通：宮崎自動車道「宮崎」IC→国道 220 号線→国道 10 号線→左折、県道 9 号線→左側高台の上。

資料名（発行年）	調査年/月	幹周（cm）	図写真
（古資料）			
本多：大日本老樹名木誌（1913）：no.	1912	—	—
三浦ら：日本老樹名木天然記念物（1962）：no.	1961	—	—
上原：樹木図説2. イチョウ科（1970）：p.	（1970）	—	—
環境庁：日本の巨樹・巨木林（1991）	1988	624	—
現地解説板（選定日の値として）	（1992）	611	／
（各市町村の報告書、その他）			
著者実測	2000/3	共通幹周653（500・253）	＋
（2100年代）			
（2200年代）			

176/46a　鹿児島県姶良郡溝辺町麓 4260（橋の口）　鷹屋神社 ［町天（1982.6.1 指定）］

杉林の山を背に立つきれいな 1 本木。幹の傷痕を護る保護がなされている（写真 ③）。

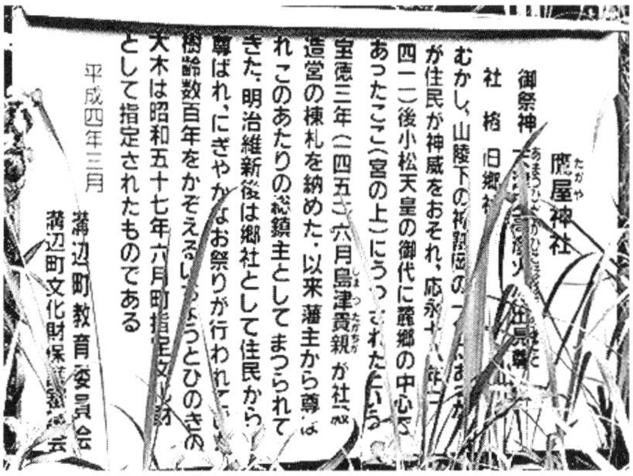

撮影日：1999.7.24

交　通：九州自動車道「溝辺鹿児島空港」IC→国道 504 号線→自動車道の下を通過した直後左折、「鷹屋神社」の看板あり。

資料名（発行年）	調査年/月	幹周（cm）	図写真
（古資料）			
本多：大日本老樹名木誌（1913）：no.	1912	—	—
三浦ら：日本老樹名木天然記念物（1962）：no.	1961	—	—
上原：樹木図説2. イチョウ科（1970）：p.	（1970）	—	—
環境庁：日本の巨樹・巨木林（1991）	1988	670	—
かごしまの天然記念物・データブック（1998）	？	記載なし	＋
（各市町村の報告書、その他）			
著者実測	1999/7	656	＋
（2100年代）			
（2200年代）			

177/46b　鹿児島県姶良《アイラ》郡姶良町三拾町《サンジュウチョウ》 1896　若宮神社

（姶良町には、他にも若宮神社があるので、三拾町であることに注意）

きれいな１本木。枝上部は切断されている。

撮影日：2000.11.24

交　通：九州自動車道「加治木」IC→国道 10 号線→県道 42 号線→バス停「三十町」で県道 391 号線→進行右側。

資料名（発行年）	調査年/月	幹周（cm）	図写真
（古資料）			
本多：大日本老樹名木誌（1913）：no.	1912	—	—
三浦ら：日本老樹名木天然記念物（1962）：no.	1961	—	—
上原：樹木図説2. イチョウ科（1970）：p.	(1970)	—	—
環境庁：日本の巨樹・巨木林（1991）	1988	622	—
（各市町村の報告書、その他）			
著者実測	2000/11	635	＋
（2100年代）			
（2200年代）			

178/46c　鹿児島県姶良郡姶良町鍋倉　帖佐八幡神社 ［町天（1963.9 指定）］

西日本のイチョウに特徴的なごつごつした感じの樹表面。幹内部は地面から人が立てるほどの空洞となり、背面にも穴があり見通せる（写真 ④）。主幹と側幹の２又。融合か。根元にはひこばえが多数（写真 ③⑤）。

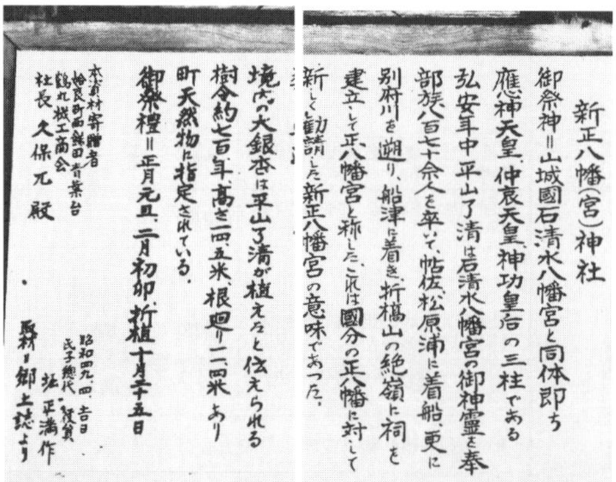

撮影日：2000.11.24

交　通：九州自動車道「加治木」IC→国道 10 号線→県道 42 号線→米山歩道橋（帖佐小学校）で右折→いなり神社を通過→細い道を山頂まで進行。

資料名（発行年）	調査年/月	幹周（cm）	図写真
（古資料）			
本多：大日本老樹名木誌（1913）：no.	1912	—	—
三浦ら：日本老樹名木天然記念物（1962）：no.	1961	—	—
上原：樹木図説2. イチョウ科（1970）：p.	(1970)	—	—
環境庁：日本の巨樹・巨木林（1991）	1988	560	—
かごしま天然記念物・データブック（1998）	?	710	＋
（各市町村の報告書、その他）			
著者実測	2000/11	共通幹 600（585・α）	＋
（2100年代）			
（2200年代）			

179/47a 沖縄県名護市字大浦 31　大浦共同売店横(比嘉氏敷地内)

幹周の点では、本巻に収録する木ではないが、温暖な地に、しかもぽつんと孤立性高く生育するイチョウは非常に珍しいことと、ギンナン成熟の状況に生物学的な関心が持たれるので収録した。イチョウの生育している場所の近くで、少年時代からこの木を見てきたという男性は、幼少時代からこの木のサイズは変わらないという。樹齢、生長速度にも興味が持たれる。祖父の時代に鹿児島から入れたという。100 年は経つことになる。

撮影日: 2002.5.13

交　通:国道 329 号線→県道 18 号線→進行方向、左側に売店あり。売店の左後方。

資料名(発行年)	調査年/月	幹周(cm)	図写真
(古資料)			
本多:大日本老樹名木誌(1913):no.	1912	—	—
三浦ら:日本老樹名木天然記念物(1962):no.	1961	—	—
上原:樹木図説2. イチョウ科(1970):p.	(1970)	—	—
環境庁:日本の巨樹・巨木林(1991)	1988	—	—
(各市町村の報告書、その他)			
著者実測	2002/5	188	+
(2100年代)			
(2200年代)			

補/39c 高知県長岡郡大豊町高須字野窪　泉氏敷地内

他に見られない、大形の乳が並列して伸びる様態(写真 ③)、乳相互の融合(または、反対に分岐か?)および枝の伸出(写真④)が見られる点も特異である。山を背にした斜面に生えるが、枝は直伸している。

交　通:高知自動車道「大豊」IC→(国道 439 号、1 分以内)→右折して国道 32 号→直進、左手に「大豊町役場」→役場正面の坂道を徒歩で約 10 分登った前方左手。

資料名(発行年)	調査年/月	幹周(cm)	図写真
(古資料)			
本多:大日本老樹名木誌(1913):no.	1912	—	—
三浦ら:日本老樹名木天然記念物(1962):no.	1961	—	—
上原:樹木図説2. イチョウ科(1970):p.	(1970)	—	—
環境庁:日本の巨樹・巨木林(1991)	1988	560	—
(各市町村の報告書、その他)			
著者実測	2003/3	500	+
(2100年代)			
(2200年代)			

2.3　500 cm 台(520 cm 以上)と写真を収録しなかったその他のイチョウのリスト

このリストは、巨樹・巨木林調査報告書、「日本の巨樹・巨木林」(1991) [4] の記載（個体コード、幹周値、所在地名、所有者、その他）をもとに、著者の調査結果も加えて作成した。報告書には、幹周 500 cm 台のイチョウが全国で約 260 本記載されている。そのうち、著者が 1998 ～ 2002 年に行った実地測定で 600 cm 台と記録された 29 本は「写真編」に収録した。一方、上記「報告書」では幹周 600 cm 台であるが、実地測定で 500 cm 台となった木はリストに収録した。

幹周サイズ 550 cm 以上の木のうちで、実地調査で存在が確認されなかった木も資料として収録した。それらには、(1) 実際には存在しない木（理由は不明だが、存在するとして記録された)、(2) 著者が確認できなかった可能性のある木（現地で存在を知る人に出会えなかっただけかもしれない)、(3) すでに消失した木、(4) 未調査の木、も収録した。

リスト項目の説明：

1. 「コード番号」は環境庁の「日本の巨樹・巨木林」(1991) [4] にある番号。
2. 「所在地」「所有者/所在場所」は「報告書」をもとに、著者のデータを加えてわかりやすく改変した。誤りがあれば、著者の責任である。

　所在地が「市町村」名しかわからない場合、その全区域を探さなければならないので、所有者欄に「個人」「社寺」とだけしか記されていない場合、探す手掛かりとして「3 次メッシュコード番号」を付けた。

3. 「幹周」値あとの（　）内は株立本数。
4. 「著者調査」欄は、著者の調査データ。
5. 「備考」欄には、探索の参考となる事項、その他を記した。

個体コード番号	所　在　地	所有者/所在場所	幹周(環境庁，1988)	著者調査(調査日)	備　　考

青森県

02 384-004	鶴田町大性	神明宮	900	右参照/♀ (1998. 6. 20)	〔本宮/約450, ♀〕と〔分宮/553, ♀〕の総計らしい
02 205-004	五所川原市	社寺/6140-13-18	535		
02 202-083	弘前市弘前公園四の郭	市町村/6040-73-27	526	540/♂(2000. 5. 1)	

岩手県

03 208-004	遠野市新町	市町村/5841-74-81	580	該当木は発見できず	
03 213-052	二戸市	/6041-32-24	565		
03 203-006	大船渡市長安寺	長安寺境内	520	565/♂(2001. 10. 25)	市天
03 461-002	大槌町	吉祥寺	560		
03 441-010	住田町	浄福寺	570	555/♀(1998. 8. 22)	右側・奥の角
03 207-007	久慈市	羽黒山神社	600	550/♀(2001. 4. 28)	
03 203-012	大船渡市小林	社寺/5841-55-37	550		
03 206-002	北上市	社寺/5841-70-49	540		市天
03 302-004	葛巻町田部	社寺/6041-12-69	535		
03 441-010	住田町	浄福寺	530	未測定/♀ (1998. 8. 22)	左側並木手前から7本目
03 523-002	安代町	社寺/6041-10-47	525		

宮城県

04 604-006	唐桑町宿	個人/5841-25-81	580		
04 442-001	小野田町漆沢	個人/5740-65-81	558		
04 541-001	迫町東表	上行寺	558	未測定/♂ (1998. 7. 26)	町天/城主のいちょう
04 207-003	名取市字真坂	熊野那智神社	550		那智山の大銀杏
04 444-001	色麻町宿	伊達神社	550		
04 567-004	北上町	能野神社	550		市天(熊野の誤植か？)
04 602-001	津山町柳津字大柳津	/5741-72-05	540		
04 205-009	気仙沼市字岩田寺沢	満福寺	530		
04 462-003	三本木町坂本	社寺/5740-67-23	530		
04 401-003	松島町根廻字蒜沢	根廻児童公園	610(2)	448+166/♀ (1998. 10. 30)	市天

秋田県

05 463-021	羽後町元城	社寺/5840-63-20	550		
05 326-009	合川町道城	社寺/6040-12-58	545		
村に登録樹なし	西木村	玉林寺		540/♀(1999. 5. 30)	(村天？)
	秋田市川元小川町	道路沿い	470*	538/♀(1999. 10. 5)	市天/川口のイチョウ *牧野(1991)より
05 326-008	合川町八幡岱	社寺/6040-22-04	532		
05 461-005	稲川町小沢	社寺/5840-44-97	530		

山形県

06 461-010	遊佐町直世仲道(通称落伏)	永泉寺	730	560/♂(2000. 11. 4)	
06 207-014	上山市高野坂	宮脇八幡宮	588(主幹310)(2)	309+308/♂ (2000. 8. 25)	市天

福島県

07 209-004	相馬市	社寺/5640-57-44	580		お田植のイチョウ
07 421-002	会津坂下町上開津	浄福寺	560	565/♀(2000. 11. 2)	
07 542-003	楢葉町風呂内	広徳院	560		町天
07 202-013	会津若松市東城戸	社寺/5639-27-02	550(主幹320)		
07 563-002	小高町小高	同慶寺	540		町天
07 563-005	小高町上広畑	社寺/5640-27-79	540		町天/乳の神様, 丘の灯台
07 408-001	猪苗代町百目貫	その他公有地/ 5640-20-58	520		町天/逆さイチョウ

茨城県

08 361-010	金砂郷町千寿62	千寿神社	651(3)	565/♀(1999. 1. 16)	
08 364-022	大子町月居山	不明/5540-13-02	561		
08 301-019	常澄村(現：水戸市栗崎町)	仏性寺	560	未測定/♀ (1998. 8. 15)	
08 445-007	茎崎町若栗(現：つくば市茎崎)	念向寺	547	548/♀(1999. 8. 8)	市天
08 203-001	土浦市	常福寺	540		市天
08 301-038	常澄村(現：水戸市大場町)	東光寺	688	535/♂？(2000. 1. 15)	市保存樹
08 301-020	常澄村(現：水戸市栗崎町)	仏性寺	532	未測定/♀ (1998. 8. 15)	

個体コード番号	所　在　地	所有者/所在場所	幹周(環境庁, 1988)	著者調査(調査日)	備　　考
08 218-003	岩井市	長谷寺	530		市天/乳房・観音のイチョウ
08 210-004	下妻市仲町	光明寺	600	510/♂(2000. 1. 10)	

栃木県

09 403-015	馬頭町大内地内	戸隠神社	571		町天
09 203-013	栃木市	星宮神社	565		
09 341-005	二宮町辰沼	社寺/5439-47-24	560		町天
09 344-002	市貝町市橋	個人/5440-60-38	558		町天
09 383-014	藤原町上三依	水生植物園内/熊野堂神社	840	490+390/♂ (2000. 8. 9)	町天
09 343-008	茂木町山内	満福寺	615(4)	442+114+60+α/♀ (2000. 6. 24)	町天
09 407-016	那須町芦野	湯泉神社	600	2本の融合樹/♂ (2000. 8. 12)	

群馬県

10 322-004	倉渕村	椿名神社	585		村天
10 423-018	吾妻町沢尻	馬頭観世音	573		
10 210-011	富岡市	貫前神社	555(主幹492)(2)		市天

埼玉県

11 209-035	飯能市原市場	白鬚神社	688(主幹588)	境内, 付近にも発見できず	
11 231-017	桶川市加納	社寺/5439-04-25	580		
11 201-008	川越市松江町 1丁目	出世稲荷・右株	555	562/不明(2000. 2. 26)	市天
11 206-017	行田市真名坂	社寺/5439-14-52	560		市天
11 228-011	志木市柏町中野	社寺/5339-54-96	550		
11 442-006	宮代町	社寺/5439-05-07	550		
11 464-012	杉戸町下高野	社寺/コードなし	542		
11 466-009	吉川町(現: 吉川市高久)	密厳院	534	540/♀(2000. 8. 20)	県天/子育てイチョウ
11 206-017	行田市真名坂	社寺/5439-14-52	530		市天
11 218-005	深谷市	吉祥寺	530		
11 210-002	加須市大越	社寺/5439-24-19	526		
11 217-002	鴻巣市上谷	氷川神社	615(主幹415)(2)	462+215/♀ (1998. 12. 27)	保護樹
11 383-001	神川村金鑽《カナサナ》	金鑽神社	700(主幹390)(5)	385+180/♂ (1998. 12. 11)	義家旗懸の公孫樹
11 235-005	富士見市勝瀬	榛名神社	570(5)	約18本の叢生樹/♀ (1998. 12. 27)	外周590cm
11 446-005	菖蒲町三箇	三箇小学校内	786(主幹425)(4)	6本の並立樹/♂ (1998. 9. 5)	

千葉県

12 203-023	市川市	社寺/5339-57-02	550		市天
12 408-005	横芝町町原	稲荷神社	548		(町天?)
12 203-022	市川市	愛宕神社	540		市天
12 223-008	鴨川市上小原	白滝不動尊	535		(市天?)
12 214-011	八日市場市出羽町イ	村山稲荷大明神	600	535/♀(1998. 12. 29)	
12 228-004	四街道市	吉祥寺	531		
12 349-008	東庄町小南	小野神社	530		
12 201-060	千葉市分教場あと	不明/5340-30-96	520		
12 203-005	市川市香取 1丁目	香取《カンドリ》神社	710(主幹280)(3)	7本の並立樹/♀ (1998. 12. 19)	

東京都

13 305-009	日の出町大久保 2248	天正寺	1130(主幹365)(5)	未測定/♀ (2000. 2. 19)	共通幹周790(5)
13 103-006	港区	高松中学校内	740	存在しない	他所にあるのか?
13 101-013	千代田区	皇居三の丸跡	700	690/♀(1998. 11. 19)	
13 201-003	八王子市	市町村/5339-33-53	570		市天
13 122-009	葛飾区東金町 6-10-5	葛西神社	6本のどれか特定できず	550/♂(2000. 9. 9)	区天/鳥居の左・弥栄銀杏
13 103-042	港区	慶応大学内	549		
特定できず	台東区浅草橋 5-1-20	都立忍岡高校内		540/♂(2003. 2. 4)	
13 209-001	町田市	杉山神社	540		
13 103-049	港区	明治神宮	537		
特定できず	台東区	浅草寺/五重の塔前		共通幹周536(2)/♂ (1999. 10. 17)	台東区みどり条例保護樹
13 109-006	品川区	品川寺	535		(区天?)

個体コード番号	所　在　地	所有者/所在場所	幹周(環境庁,1988)	著者調査(調査日)	備　　考
13 103-021	港区	有栖川宮記念公園	528		
13 117-019	北区王子本町1丁目	王子神社	636	518+230+α/♂(2000.8.5)	都天
登録イチョウなし	五日市町(現:あきるの市小和田)	広徳寺	606*	431,367の2本/♀(2000.2.19)	*本多[No.495/606cm],三浦[No.1200/606cm],上原[p.141/600cm]による
13 203-006	武蔵野市	杵築大社	740(主幹440)(3)	5本以上の叢生樹/♀(1998.11.7)	市天,杵築大社の千本イチョウ

神奈川県

14 130-003	川崎市	社寺/5339-24-97	597		
14 203-001	平塚市	寄木神社	580	存在せず(2000.2.11)	
14 205-024	藤沢市	社寺/5339-03-18	573		市天
14 212-002	厚木市上依知1	依知神社・左株	545	564/♂(1999.5.21)	市天
14 100-003	横浜市	社寺/5339-24-25	560		
14 206-065	小田原市	光円寺	540		
14 362-003	大井町柳	社寺/5339-01-04	540		町天
14 423-001	相模湖町	顕教寺	540		
14 210-028	三浦市	海南神社	533		
14 401-009	愛川町角田	角田八幡神社	400	512/♂(2000.5.21)	町天
14 364-004	山北町	室生神社	1000(主幹590)(2)	560+369/♂(2000.2.12)	町天
14 401-007	愛川町角田3037	地神社	710(主幹400)(2)	(1999.5.21)	地神社に同サイズの木は存在せず

新潟県

15 202-028	長岡市	社寺/5638-16-30	580(2)		
15 206-004	新発田市	個人/5639-73-02	570		
15 443-001	小出町四日町	社寺/5538-67-86	565		
15 218-014	五泉市	個人/5639-42-80	550		
15 205-024	柏崎市	社寺/5538-74-05	550		
15 444-022	湯之谷村七日市	社寺/5538-67-78	550		
15 523-007	松代町田沢	十二神社	550	未測定(2000.7.2)	
15 607-003	小木町小比叡《コビエ》	蓮華峰寺	540		
15 401-001	越路町不動沢	個人/5638-05-39	530		不動沢の大イチョウ
15 218-015	五泉市	個人/5639-41-85	525		
15 463-107	六日町四十日《シトカ》	八幡神社	650(2)	525/♀(2000.7.3)	
15 462-001	塩沢町塩沢371	長恩寺	640	455/♀(2000.7.2)	県天/お葉つきイチョウ

富山県

16 203-005	新湊市川口	社寺/5537-10-04	600	470/♂(1999.7.4)	覚正寺か?
16 205-011	氷見市藪田	光福寺	620	410+350*	*「氷見市の巨樹名木」(1999)による

石川県

17 384-018	志賀町北吉田	浄蓮寺	572		
17 203-053	小松市	大杉神社	555		市天
17 203-016	小松市	本覚寺	527		
17 401-006	田鶴浜町三引《ミビキ》	赤蔵神社	526		
17 344-002	野々市町	布市神社	649(主幹515)(2)	540+140/♂(2001.5.1)	町天

福井県

18 363-004	金津町	大鳥神社・2号株	560	573(2000.7.17)	

山梨県

19 366-006	南部町	妙浄寺	540		町天
19 365-006	身延町身延	個人/5338-03-44	530	未測定(2000.12.2)	町天/山田屋裏のオハツキイチョウ
19 365-020	身延町下山	本国寺	530	520/♀(2000.12.2)	国天/お葉つきイチョウ

長野県

村に登録樹なし	四賀村中川	道路沿い		537/♂(2000.7.16)	

岐阜県

21 622-001	国府町上広瀬	加茂神社	570	560/♂(1999.7.3)	町天
21 582-011	小坂町小坂	長谷寺	540		町天
21 621-014	古川町中央	福全寺跡	532	532/♂(1999.7.3)	町天

静岡県

22 201-033	静岡市	熊野神社	560		市天
22 201-046	静岡市道山白	社寺/5238-43-83	550		市天

個体コード番号	所　在　地	所有者/所在場所	幹周(環境庁, 1988)	著者調査(調査日)	備　　考
22 211-010	磐田市	社寺/5237-06-78	550		
22 462-004	春野町長蔵寺	個人/5237-37-95	550		町天
22 219-009	下田市横川	諏訪神社	540		市天
22 207-006	富士宮市上井出 278	熊野神社	660	共通幹周713(471+251+169)/♂(2000.2.12)	

愛知県

23 544-014	旭町伯母澤	十一面観音堂	548	未測定/?(2000.9.27)	町天
23 208-005	津島市	社寺/5236-65-17	541		県天
23 208-006	津島市	津島神社	530		県天
23 566-007	稲武町	大野瀬神社	530		町天

三重県

24 205-006	桑名市	圓通寺	565		

滋賀県

25 484-002	びわ町中浜	公有地/5336-01-78	530		

京都府

26 422-004	夜久野町宮垣	天満社	575		
26 403-006	丹波町安井	浄光寺	545		
26 100-001	京都市	国/5235-46-21	540		
26 422-003	夜久野町桑村	大年神社	535		

兵庫県

28 642-003	氷上町長野《オサノ》	旧高山寺跡	880(5)	到達できず/♂とのこと(1999.8.27)	町天
28 583-002	美方町	社寺/5334-14-53		発見できず(1999.8.27)	夫婦イチョウ
28 646-014	市島町梶原	社寺/5235-61-30	580		町天/梶原大イチョウ
28 544-003	日高町荒川	社寺/5334-15-47	575		
28 622-016	和田山町久世田	公有地/5234-76-46	525		久世田の大イチョウ

和歌山県

30 386-004	美山村阿田木	下阿田木神社	550		

鳥取県

31 368-008	東伯町別宮	転法輪寺	575		県天

島根県

32 504-012	六日市町立戸	社寺/5131-47-43	580		町天
32 342-010	横田町	公有地/5233-50-15	567		金詩の大銀杏
32 481-011	美都町板井川	市町村/5232-00-34	550		滝の大イチョウ

岡山県

33 564-002	哲西町矢田	社寺/5233-32-17	536		町天
登録なし	八束村	福田神社・右(東)株		535/♂(2000.7.19)	

広島県

34 524-006	新市町(現:福山市)	天王社	650(主幹265)(4)	測定せず(2001.12.27)	
34 582-007	布野村	福泉坊	581		
34 602-007	東城町比奈	社寺/5233-22-90	550(2)		
34 381-002	吉田町	社寺/5132-75-96	535		町天

徳島県

36 403-033	藍住町	住吉神社	627(主幹394)(2)	共通幹周565/♂(1998.7.17)	
36 341-037	石井町浦庄	銀杏集会所・右株	543	571/♂(2001.2.9)	
36 484-001	山城町大月	長福寺	570		県天/大月のオハツキイチョウ
36 404-016	板野町	八幡神社	545		
36 342-037	神山町下分(左右地区中)	杖杉庵	716(主幹528)(5)	540/♂(1999.7.15)	杖杉庵には1本木のイチョウがあるのみ
36 403-026	藍住町	諏訪神社	540		市天?
36 403-047	藍住町	両八幡神社, 八坂神社	531		
36 404-001	板野町	地蔵寺	542	528/♀(1997.7.11)	
36 483-006	池田町ウエノ	諏訪神社	580	440+155/♂(1999.7.16)	

香川県

37 361-001	塩江町岩部	岩部八幡神社	600(2本のうちの細い方の木)	このサイズの木は存在せず(1999.3.4)	根廻りサイズか?

個体コード番号	所　在　地	所有者/所在場所	幹周(環境庁, 1988)	著者調査(調査日)	備　　考
37 203-006	坂出市	白峰寺	930(3)	540+120+α/♂ (1999.3.5)	
37 403-002	琴平町琴平山	金刀比羅宮	528		

愛媛県

38 207-018	大洲市広岡区	金竜寺・右株	750(5)	個々の測定不可/共通幹周800(5)/ ♀(1999.3.8)	県天

高知県

39 207-006	中村市	光明寺	530		市天/乳垂れイチョウ
39 207-010	中村市岩田	日吉神社	635	4本融合の共通幹周700/ ♀(1999.12.23)	市天

福岡県

40 424-012	嘉穂町大力	個人/5030-25-06	570		
40 425-004	筑穂町山口	社寺/5030-24-69	560		
40 130-101	福岡市	熊野神社	550		
40 204-001	直方市	社寺/5030-45-98	550(2)		
40 601-010	香春町前村	社寺/5030-36-97	550		
40 602-002	添田町上津野	社寺/5030-27-12	540		
40 305-002	那珂川町	公有地/5030-13-83	525		
40 383-004	岡垣町原	大原神社	608	共通幹周490(384+190)/ ♂(2000.11.27)	町天
40 441-001	杷木町赤谷	堀氏敷地内/ 5030-06-78	640(主幹330)(3)	340+190+142/♀ (2000.11.27)	道路側

佐賀県

41 443-006	嬉野町	春日大明神	540		
41 203-008	鳥栖市	西清寺	537		県天
41 342-003	中原町綾部	綾部神社	670(主幹370)(2)	未測定/♂ (1999.7.26)	旗上げイチョウ
41 324-004	東背振町石動《イシナリ》	天満神社・右株	610(主幹390)(3)	412+145+135/♂ (2000.11.23)	

長崎県

42 406-002	若松町金堂崎	社寺/4928-37-07	580		

熊本県

43 205-013	水俣市日当野	公有地/4830-14-91	577		
43 422-018	阿蘇町小里 157	明行寺	557	572/♀(1999.7.25)	町天
43 206-028	玉名市	外嶋宮	528		
43 368-003	長洲町長洲 1273	四王子宮	613	共通幹周636(323+303)/ ♂(2000.11.24)	
43 202-011	八代市熊の宮	熊座《クマノイマス》神社	640	外周820(2000.11.24)	台風19号により根元から折損

大分県

44 462-045	玖珠町下河内	大神宮	570	577/♀(2000.11.26)	
44 503-015	耶馬渓町雲八幡	雲八幡社	573		
44 503-016	耶馬渓町	御祖神社	560(2)		
44 462-001	米水津村	養福寺	535		村天
44 462-023	玖珠町	満徳寺	525		

宮崎県

45 402-001	新富町春日銀杏の木	旧寺跡/4831-13-03	585		町天
45 207-001	串間市	如意寺	540		市天
45 361-012	高原町後川内	個人/4731-70-05	526		

鹿児島県

46 384-007	宮之城町山崎	市町村/4730-63-34	545		
46 385-001	鶴田町鶴田	竹林寺跡/南方神社	1080(5)	487+188+132+121/ ♀(1997.7.24)	町天

第3章

参　考　編

—「銀杏学」へのいざない—

19世紀以来、イチョウは世界の自然科学分野（主に植物学、化学など）での研究の対象であったが、人文科学のいかなる分野でも主題として取りあげられることはなかった。しかし、日本においてはイチョウという植物は、この分野の研究対象ともなり得る、長い歴史的背景（少なくとも、中世の初期以降）があるように思える。「イチョウの歴史の解明」を共通軸として、主として植物学的研究が中心となる自然科学分野の研究と、歴史民俗、紋章、絵画・工芸、文芸・芸能、文学、古文献、考古、宗教、政治、交易、経済・物流、都市発達、その他いろいろな人文科学の視点からの研究とが、互いに補完しながら総合的な研究（これをここで「銀杏学」（Ichyology）とよぶ）がなされるならば、それは単にイチョウの歴史が明らかになるという第一義的な成果が期待できるだけではなく、植物を通して歴史を点検するという、歴史研究に新たな視点と方法論の展開が期待できるのではないかと夢想する。

日本には何時頃からイチョウの木が育ち始めたか、という素朴な疑問に応える客観的な答えは、おそらく有史以後の「古代または中世遺跡からのイチョウの花粉の発見」であろう。現在のところ、初歩的な古文献資料の探索では、1200年代後半以後の資料にしか、イチョウは登場しない[45, 46]。「銀杏」という文字資料を見いだせても、それは必ずしも実在の証明とはならない。一方、国内からのイチョウの実在を示す物的資料（ギンナン、葉、木片、イチョウ材製品など）は、近世にならないと発見されない[53]。発掘現場土壌の花粉分析についても、ほぼ同じである。この両期の資料ギャップを埋めるには、生物学的視点と要請から、遺跡発掘・調査がなされることが必要なのではないか。今まではこうした共同作業はなかったように思われる。

本章では、将来のそうした総合研究への展開を期待して、植物学的な話題に限られるが、イチョウ全般についての萌芽的な研究の一部を述べることとする。

3.1　イチョウの過去の記録

近代以前、すなわち明治以前のわが国におけるイチョウの記録についてはさだかではない。本草書や絵画のなかにイチョウが現れることはある程度わかっているが、イチョウの形状を記した文献は、現在のところ菅江真澄 [45] しか知らない。彼は、「美香幣《みかべ》の誉路臂《よろい》」のなかで、現在の秋田県二ッ井町、銀杏山神社にある 3 本のイチョウを描き、大きさを記録している。本書の No.24 が、彼の記した 3 本のうちの 1 本、「5 尋をめぐれり」（＝幹周約 750 cm）の木に相当すると考えられる。その樹姿（文政 2 年：1805）と本書の写真像とは全く違うが、絵に描かれている周囲の様子は完全に一致する。したがって、本書の No.24 の木は、世代更新した木であろうと考えられる。他の 2 本は、もっと太い巨樹である。真澄は、さらにもう 1 本、現在の住所が不明な木を「勝地臨毫」[45] に描いている。幹周は書かれておらず、場所も正確には特定できないが、現在の秋田県雄勝町（現在、ここにはイチョウは存在しない)、または羽後町（ここにはイチョウが存在する）と考えられるが（両町は隣接する)、詳しい検証が必要である。

わが国最初の本格的な樹木調査の結果をまとめた書誌は、1913（大正 2）年に刊行された、本多静六著「大日本老樹名木誌」[1] である。収録された老樹名木 1,500 本のうちには、イチョウ（本多は「公孫樹」を使っている；幹周は 360 cm 以上、ただし目通り約 227 cm のお葉つきイチョウを 1 本ふくむ）は 89 本記載されている。著者が実地調査した結果では、この 89 本のなかに重複記載と考えられる 1 本、他の樹種をイチョウと間違えた 1 本があるので、これらを除く実質 87 本が、いわばわが国におけるイチョウの最初の正式記載である。

48 年後、三浦ら（1961（昭和 36）年）は再調査を行い、「本多本」の改訂版にあたる「日本老樹名木天然記念樹」を刊行した [2]。そのなかには、219 本のイチョウが記載された。重複記載、樹種の誤認などのもの 5 本があるので、実質 214 本の記録である。本多が記載し、三浦らも生育を確認した 87 本がふくまれるので、新記載株は 127 本である。書名から判断して、自治体指定の天然記念物や、それに相当する名木の網羅が目的の一つだったと考えられる。そのためか、少数ながら目通り幹周 200 cm 台、幹周記載のないイチョウも収録されている。

1970 年、この両方の調査に関係した上原は、そのときの記録と新しい調査データを加え、245 本のイチョウを記載した [3]。重複記載、実在しないと判断される木（書面調査による誤認ではないか)、三浦らの記載した木を除くと、新規記載株は 25 本である。

1991 年、樋田は実地調査と書面調査をもとに、80 本のイチョウの写真をつけて 240 本のイチョウの幹周、雌雄性、故事来歴などをまとめて「イチョウ」を発表した [14]。この書誌は、多くの株について雌雄性を記載している。自家出版（非売品）のため、どこででも見られる書誌ではないが、公で見られる図書館を記しておく。神奈川県立図書館、図書番号：653.7/106［バーコード：2044006-6]。

三浦らから 27 年後の 1988（昭和 63 年度）年、環境庁（現、環境省）が全国規模で「第 4 回自然環境保全基礎調査」を行った。その際、「地上 130 cm の高さで測った幹周が 300 cm 以上あるものを巨樹・巨木とする」と定義し、55,798 本の巨樹・巨木が記録された [4]。そのうち、イチョウは 4,318 本であった。2001 年に発行された「第 6 回フォローアップ調査」（環境省）[6] では、さらに 537 本が新規追加され、日本全土に存在する登録巨樹・巨木イチョウの総数は4,855本となった（図1）。本書に収録した巨木の大多数は、この図のなかの↓‾‾↓部分に相当する。

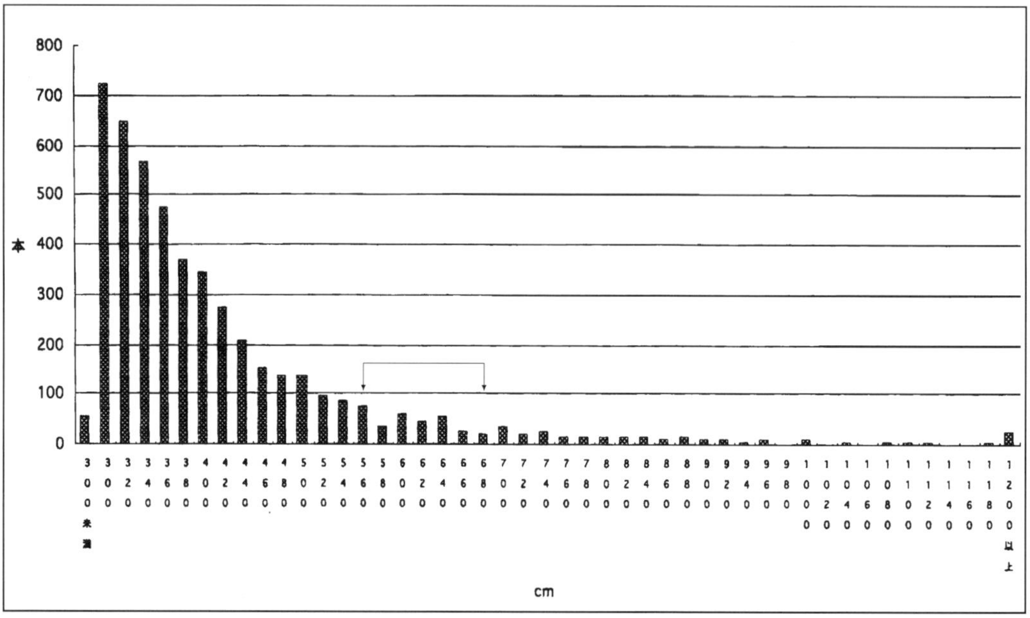

図1：国内に存在するサイズ別イチョウの本数（環境省自然環境局生物多様性センター，2001[6]より）

3.2　大木、巨木、巨樹

参照資料の書名を見ると、巨木、巨樹、古木、古樹、老樹、名木といった語が使われている。その他、大木、巨大木、巨大樹などもあり、宗教的なにおいをもつ神木、聖樹、霊樹などもある。これらはみな一般語であり、学術的な定義はない。しかし、われわれの先人は、違いを感じ、それを表現したかったからこそ、いろいろな雰囲気をもつ語を生み出し、使い分けたのであろう。文字文化の深遠さを感ずる。

実際に個々の樹木に対面してみると、幹周300 cm台の木と1,500 cm台の木を、一つの語“巨木”でくくる（＝表現する）と、そこにはかなりの違和感を感ずる。かわりに、“巨樹”を使っても同様である。単に、Big treeでは表しきれないものがある。最近は、上に述べた「地上130 cmの高さで測定した幹周300 cm以上の樹木を〈巨樹・巨木〉」とした、1991年の環境庁の定義が一般化しつつあるようである。しかし、これも二語の抱き合わせにすぎない。時間の経過を内包した古木、古樹、老木、老樹、巨樹という語と、大きさをもとにしている大木、巨木を組み合わせて、表す意味を広くカバーさせようとしたと考えられる。

イチョウは、一般に太くなるにしたがい幹の形状が不規則さを増す。目通り幹周が400 cm前後までは、幹は円柱状に生長する。しかし、400～500 cm台になると形が崩れ始め、幹周700 cmを越えたイチョウで円柱状を維持している木は全国には数本しかない。イチョウは、500～600 cm台に円柱幹から不規則形状の幹へ移行する性質があるといえよう。そこで、イチョウに限定してのことであるが、著者は以下のような基準で、調査データの分類、用語の使い分けをするようにしている。この基準の第一義的な形質は、幹周サイズである。

大木：　幹周が 300 ～ 400 cm 台の木；幹は一般に滑らかな円柱。

巨木：　幹周が 500 ～ 600 cm 台の木；幹の凹凸（不規則形）化が始まり、進行する。

巨樹：　幹周が約 700 cm 以上の木；幹の凹凸が顕著。

（800 cm 以上の木についても、サイズで区分を行ってはいるが、ここでは一括した）

幹周の数値を厳密に受け取ってイチョウに対面すると、びっくりすることがしばしばある。たとえば、十数メートルの巨樹のはずが数本以上の株立幹の合計値であるような木に対面したときである。巨樹を想起しながらこうした樹に出会うと、私的な感想であるが虚脱感すら感ずる。しかし、これは計測方法と表示法がそのように指定されていることによることで、問題はないのであるが。また、同一の木でも、各資料（測定者）によって幹周値が違うのは、主に次のような理由によると考えられる。

（1）測定者の判断によって「地面（＝ O 点）」の設定が異なる。さらに、

（2）生育地の状況（たとえば、根上がりしている、急斜面の縁に生えている、中腹に生えている、など）の違いが、差違を一層増幅させる。

（3）測定用メジャーを幹面の凹凸に合わせて計るか、幹のまわりに金属性の硬いメジャーをぐるりと回して、凹部を無視し、凸から凸までを直線的に計るかによって、100 cm 以上もの違いとなる場合がある。

太い木、凹凸が多い木ほど、差違幅が大きくなると一般的にいえる。平地に生育し真っすぐ伸びている木や、若年木の場合は、誰が「地上 130 cm の高さ」で測定しても誤差は少ない。しかし、500 cm を越えるイチョウになると、支幹相互の融合が起こり、個々の測定は不能という場合が数多くある。測定基準を画一的に適用すると、木の実体が全く反映されない数値が出てくる。そこで、新たに、「共通幹周（長）」、「外周（長）」という測定・表示を導入した（p.18、凡例参照）。幹周値は、1 本の木の有様を想像するための一つの目安とするのがよいと著者は考えている。

3.3　消えたイチョウ史

本多が初めて記載した 87 本のイチョウ[1]のなかから、1961 年に三浦らによる再調査[2]が行われるまでの 48 年間に、少なくとも 2 本の巨樹・巨木イチョウ（青森県三戸郡大館村新井田＝現在の八戸市内、東京府南葛飾郡隅田村隅田＝現在の JR 常磐線「綾瀬駅」と「亀有駅」間の、沿線両側地域ではないか）が消失したと考えられる。なぜなら、この 2 本は三浦ら[2]の書誌には収録されていないからである。前者については、電話で現地の関係機関へ問い合わせ、消失を確認したが、後者については確認はできていない（表 1）。傍証的だが、しばしば利用する茨城県つくば市と東京駅を結ぶ高速バスがこの近辺を通過するので、利用する度に窓から見渡すが、それらしき樹影は認められない。通過点は、地上数十メートルの高架部分で見通しのよい所であるのだが。

三浦ら[2]以降、環境庁調査（1988）までの、次の 30 年間に、さらに 7 本（秋田県鹿角市（旧八幡平村）、愛知県藤岡村、大分県中津市、東京都あきるの市（旧五日市町）、東京都八丈島八丈町（旧大

表 1：過去 90（1913 ～ 2002）年間に消失した主なイチョウ

所　在　地	本多(1913)	三浦ら(1962)	上原(1970)	環境庁(1991)	2002年末現在/備考
青森県三戸郡大館村字新井田	〔No.457〕/909cm				消失/問い合わせ確認
東京府南葛飾郡隅田村字隅田/坂田氏敷地内	〔No.502〕/606cm				1913年以後一切の記録なし
秋田県鹿角郡宮川村字小豆沢/吉祥院	〔No.447〕/1000cm	八幡平村宮麓字小豆沢/吉祥院〔No.1110〕/1000cm	同左 p.118/1000cm		消失/現地確認
愛知県西加茂郡藤岡村御作/八桂神社	〔No.477〕/757.5cm	同左〔No.1157〕/758cm	同左 p.159/760cm		
大分県下毛郡中津町/裁判所構内	〔No.485〕/667cm	中津市裁判所構内〔No.1190〕/630cm	同左 p.179/630cm		
東京府西多摩郡三ツ里村大字小和田字柏原/広徳寺	〔No.495〕/606cm	東京都西多摩郡五日市町小和田字柏原〔No.1200〕/606cm	同左 p.141/600cm		現：あきるの市小和田/該当サイズの木は存在しないこと現地確認/ただし431cm現存
東京府八丈島大賀郷村字薬師ケ入/薬師堂	〔No.499〕/606cm	東京都（以下同左）〔No.1202〕/606cm	同左 p.141/600cm		消失/問い合わせ確認
広島県芦品郡綱引村大字宮内/吉備津神社	〔No.509〕/454.5cm	芦品郡新市町大字宮内〔No.1235〕/503cm	同左 p.168/500cm		枯死/現地確認（乳房神の公孫樹）（2000.7.21）
熊本県阿蘇郡一宮町大字三野		〔No.1139〕/850cm	p.183/850cm		消失/問い合わせ確認（毘沙門様の公孫樹）
宮城県登米郡登米町大字日根牛字峰畑		〔No.1165〕/730cm	p.120/730cm	p.4–42/800cm	1999.9 に枯死倒壊/現地確認（2000.9.16）（日根牛の公孫樹）
静岡県島田市千葉山/智満寺		〔No.1181〕/667cm	p.157/670cm	p.22–74/694cm	枯死倒壊/現地確認（2001.6.30）
茨城県西茨城郡友部町大字平町新城/龍穏院		〔No.1256〕/418cm	p.131/420cm	p.8–78/330cm	消失/現地確認（2000.5.28）
福岡県筑紫郡那珂川町大字五ケ山/垂乳根薬師堂		〔No.1209〕/600cm	p.178/630cm		
長野県長野市大字大町/西厳寺		〔No.1219〕/576cm	p.127/580cm		消失/現地確認（1998.8.1）
新潟県五泉市/巣本八幡宮		〔No.1182〕/667cm	p.125/670cm		神社存在せず/現地確認
山梨県南巨摩郡身延町大野/本遠寺			p.129/2000cm		消失/現地確認（1999.5.22）
石川県能登島町向田/福勝寺				p.17–75/680cm	消失/現地確認（1999.4.30）
徳島県徳島市西沢				p.36–15/707（主幹654）（5）	消失/現地確認（1998.7.17）
青森県南津軽郡大鰐町早瀬野小金沢				p.2–35/640cm	消失/現地確認（1997.6.7）
熊本県八代市熊の宮/熊座（クマノイマス）神社				p.43–25/640cm	1999/根元から折損–生存/現地確認（2000.11.24）
埼玉県大里郡熊谷町大字熊谷/高城神社	〔No.472〕/757.5cm	〔No.1158〕/758cm	p.134/760cm		存在したことがないとの現地確認
岩手県江刺市岩谷堂/岩谷堂小学校内		〔No.1156〕/760cm	p.118/760cm		存在したことがないとの現地確認
新潟県高田市西城町（現：上越市）		〔No.1091〕/1236cm	p.124/1240cm		2 本のイチョウは存在/ 2 本の合算値であろう
宮城県柴田郡川崎町今宿字銀杏			p.120/910cm		存在せず/現地確認、誤認・重複記載
長野県松本市大字入山辺			p.129/910cm		存在せず/現地確認、誤認・重複記載

賀郷村)、広島県福山市（旧新市町)、熊本県一宮町）が消失した（表 1)。これらのうちの 3 本（秋田、東京あきるの市、広島）については、現地に行き、消失、非存、枯死を、それぞれ確認した。

三浦ら（1962）[2] によって、初めて記載された 127 本のイチョウのうち、6 本が 1988 年の環境庁調査 [4] では記載されていない（ただし、そのうちの 1 本は実在が疑問である＝実際には存在しなかった？）ため、確実には 5 本の消失である（表 1)。

上原（1970）[3] によって初めて記載された、山梨県身延町の本遠寺のイチョウは、幹周 2,000 cm と記録されていた超巨樹であった。著者が調査に行った 1999 年 5 月よりかなり前に（住職からの聞き取り)、伐採されたとのことであった。もし、今も生育していれば、全国でもビッグ 3 に入る。

1988 年の環境庁調査で初めて記載されたイチョウのなかで、1988 年以降今日（2002 年秋）までの 10 余年間に、3 本（青森県大鰐町、石川県能登島町、徳島県徳島市）と、1988 年以前から知られていた 4 本（宮城県登米町（写真 1、2)、静岡県島田市、長野県長野市、茨城県友部町)、計 7 本が姿を消した（表 1)。

写真1：生存時の像（宮城県登米町、1998年7月26日）

写真2：倒壊後残された乳（2000年9月16日）

すべての事例について検討できたわけではないが、これらのイチョウが消失した理由について、観察できた事例をもとに考察してみると、(1) 台風による折損、危険防止、障害などのための伐採、(2) 道路工事、その他の土木工事による「根切り障害」、(3) ダム建設による伐採、埋没、あるいは道路建設、拡張による伐採、(4) 着生植物の根がイチョウの幹芯を浸食・朽腐し、ついには宿主のイチョウを枯死させる自然倒壊、などがある。(2)～(4) は、人の知恵で、容易に解決できる原因である。

重大なのは (2)、(3) の工事による根の切断障害、伐採である。このことは、イチョウの生育する全国の何箇所かで現在進行中で、懸念される。イチョウの根は、30 ～ 40 m以上も伸びることがあるためである。未だ枯死に到らないまでも、根切りによる衰弱化の兆候が察知される木がすでに見られる。

一方、こうした懸念とは対照的な事例を紹介したい。今後類似の問題が起こったときの対応の参考となれば幸いである。

山形県小国町市野々では、幹周600 cmのイチョウの移植準備が数年がかりで進行中である（p.29、No.27参照）。著者が初めてこの巨木を訪れた1998年8月、この地区がダム建設予定地であることを知った。寺、住人は、すでに移住したとのことで、原野化した土地の中にこの木は立っていた。そのとき、他のダム工事に伴うイチョウの運命（湖底に沈んだままにされたという）のことを思い、この木の運命も同じになるものと単純に考えた。2年後の訪問時も同じ状況にあった。ところが、3回目の訪問（2001年4月中旬）時には、移植するための準備作業が始まっていた。他の範例になることを願い、ここに紹介する。これよりは規模は小さいが、山形県東根市でも移植が完了した事例がある。本多が、日比谷公園のイチョウ（本書、No.65）を、現在の地に移動したことは有名な先例である。記録から見て、移植時の両木はほぼ同規模の太さである。

イチョウにつく着生植物、特に多年生植物は、宿主であるイチョウに深刻な影響を与える。着生植

写真 3：イチョウの清掃作業（熊本県小国町、2000 年 3 月）

物が多いと、古樹の雰囲気を感じさせるためであろうか、除去されることが少ない。着生植物の伸ばす根が、宿主であるイチョウの表面と幹芯を浸食するため、除去しないで放置すると、ついにはイチョウを枯死・倒壊に至らしめる。危惧される例としては、たとえば本書 No.63 や No.165 である。全国には、他に数本以上ある。上で述べた静岡県島田市のイチョウの場合は、残されていた木の一部の状態から判断して、他の条件も重なったことも考えられるが、着生植物の伸ばした根の影響が大であったと考えられる。定期的な払拭処理も重要なことだと思う。払拭作業を行っている事例の写真を、参考のために示す（写真 3）。

3.4　イチョウの樹齢、生長率

イチョウの渡来史を明らかにするには、実在する巨樹、古樹の実樹齢が推定できれば、解明への一つの重要な手掛かりが得られるはずである。樹の外見からだけで、樹齢の推定、できたら正確な判定（とはいえ、10 ～ 20 年くらいの誤差範囲以内なら問題はないと思う。なぜなら、第一義的には、歴史的な時間スケールで考える渡来の時期に関する問題だから）方法があるなら、それは望ましい理想的な方法であろう。そうした分野の知識も、経験もない素人の私には、年輪を数えることしか思いつかない。そのためには、伐採が必要である。だが、巨樹、巨木については、現実的には不可能である。

樹齢を推定するための実用的な方法として、生長錐による年輪カウント法がある。方法を簡単に説明すると、直径 5 ～ 9 mm くらいの中心が空管状になった錐を木の中心に向けてねじ込み、竹箸状の試料を採取する。通常は、直径約 5 mm、最大 30 cm 長の円柱試料が得られる。半径 100 cm の木であれば、表面から約 1/3 の深さまでの試料に相当する。その年輪数を数え、単純に 3.3 倍すれば、推定樹齢が出せることになる。この方法で、より正確な推定樹齢を算出するには、注意すべき事項が多数あるが、その説明は省略する。この樹齢推定法は、現実的に使える、しかも科学的な実証データが得られるので、現在比較的容易に使えるベストな方法であると考えた。だが、まもなく、この方法もイチョウの樹齢推定にはほとんど無力であることを思い知ることとなった。それには主な理由が二つある。一つは、調べたい対象のイチョウ（全部が、推定樹齢3桁以上である）の大多数が、神木、天然記念物で、容易に試料採取ができないことである。もう一つは、イチョウの特異な特性にある。先にも述べたように、イチョウは400～500 cm台になると、幹の形が崩れはじめるため、真の中心点の推定が難しく、多くの巨樹では、もし仮に生長錐サンプルの採取が実施できたとしても、有効な試料の採取が実質的に難しい。

それでも、許可の得られた少数の樹で得られた調査結果からは、幹周と樹齢との間に有意な相関関係は見いだせていない。したがって、現在のところ、イチョウについての汎用性のある樹齢推定式は立てられていない。

一方、機会をとらえては、身近で行われた伐採イチョウの試料を調べる調査を続けた。その結果、イチョウについては、幹周が150 cmくらいまでならば、外部特徴をもとに誤差率2％くらいの精度の樹齢判定のできる方法（伐採試料の年輪をカウントし、相関を確認した）は開発できたが、最終の目標である古樹・巨樹イチョウの調査には無力であるので、ここではその説明は省略する。

別の方法として、イチョウの年間生長率から樹齢推定はできないか検討した。渡辺[43]は、イチョウの年平均生長率は1.68 cmと記している。しかし、これは調査本数がわずか2本の平均値である。樋田（1991、p.27）[14]は、神奈川県茅ヶ崎市での14年間にわたる44本のイチョウの実測調査について、大略次のように書いている。「年間の太り具合（幹周長の伸びと解する）は年平均2.8 cm、赤土土壌に生育する木は2.75 cm、砂丘（地帯）で2.30 cm、沖積地2.07 cmである」。調査した木の性別、（平均）幹周は記されていない。

本書に収録した巨木のなかから、測定者による差違が最も少ないであろうと考えられる、分岐がなく、かつ円柱状の幹形態を維持しながら生育している樹をいくつか選び、1988年の環境庁値と著者の実測値の比較から、生長率を算出してみた。以下は、本書の樹木番号と年間生長率 （少数点2位以下四捨五入）である。No.65（1.3 cm）、No.68（0.6 cm）、No.78（3.7 cm）、No.90（1.1 cm）、No.93（1.0 cm）、No.119（0.8 cm）、No.130（2.0 cm）、No.135（3.0 cm）、No.138（6.4 cm）、No.148（1.7 cm）、No.150（0.4 cm）、No.152（2.2 cm）、No.159（3.1 cm）、No.161（4.3 cm）、の総計14本で、平均生長率は2.2 cm/年となる。最低生長率0.4 cmのNo.150は、標高319 mの尾根に生えていて（ちなみに、標高が最も高い所に生えているイチョウは、長野県大鹿村入沢井の1,200 mである）、人家はまったくない。一方、最大値6.4 cmのNo.138も山地に生えているが、近くに人家がある。

表2は、著者が継続観察を行っている、つくば市内のある研究施設内のイチョウのうち、54本についての、1997年4月19日から2002年12月15日までの6年間の年平均生長率である。2002年末の、54本の平均幹周は97.9 cm（最大129.5 cm、最小62.0 cm）である。これらの木は、平行する3列の並木（状）（各列18本）として植栽されている。各列の年平均生長率は、第I列目が1.9 cm、第II列目は3.1 cm、第III列目は4.1 cmであった。また、この6年間に更植されたものはなく、この地に植栽された当初からのものと考えられる。

樋田の年平均生長率は2.03～2.8 cm、本書収録木14本の場合は2.2 cm、上記第I列は1.9 cm、第II

表 2：54 本のイチョウの 6 年間の年平均生長率（cm）

	第 I 列		第 II 列		第 III 列	
樹木 No.		年平均伸張		年平均伸張		年平均伸張
1	♀	1.4	♂	4.0	♀	5.0
2	♂	1.7	♀	3.3	♂	3.5
3	♂	2.1	♂	4.6	♂	3.7
4	♂	1.2	♀	2.0	♂	4.6
5	♂	3.2	♂	2.6	♂	3.6
6	♂	2.6	♀	2.5	♂	3.5
7	♀	2.0	♀	3.5	♀	4.5
8	♀	1.5	♀	2.1	♂	3.7
9	♂	1.6	♂	3.4	♀	3.6
10	♂	2.0	♂	2.6	♂	4.1
11	♂	2.7	♂	2.5	♂	4.4
12	♂	1.6	♂	3.8	♀	4.4
13	♀	1.6	♀	2.1	♀	6.0
14	♀	0.9	♂	3.4	不明	5.6
15	♀	2.2	♂	3.1	♂	4.1
16	♀	2.1	♂	3.3	♀	3.1
17	♀	2.2	♀	3.2	♀	2.3
18	♂	0.7	♂	4.1	♀	3.1
平均		1.9 cm		3.1 cm		4.1 cm

列は 3.1 cm、第 III 列は 4.1 cm である。これらすべての事例を通して、最小値が 0.4 cm、最大値が 6.4 cm である。イチョウのおおよその年生長率は 2 ～ 5 cm、最大でも 6.5 cm を越えない範囲ということになろうか。さらに、ここでは生育環境や、生長率を算出した木の状況（たとえば、木のサイズ、樹齢など；収録木については、ほぼ幹周が 600 cm 台、表 2 のイチョウについては上記の通り）、日照その他の自然条件の影響による生長率の年変動（具体的には各年の年輪幅の違いに反映される）、その他、植物の生育に関係する諸要因の影響は全く考慮していない（現在はできない）。しかし、これまでよりは具体的な目安値が示されたとはいえる。試しに、上記の値を使って単純計算すると、600 cm に生長するには、最低生長率（0.4）で 1500 年、最高生長率（6.4）で 94 年、平均生長率（2.5）で 240 年となる。このなかでは、240 年という値が、他の二つよりは相対的に実齢に近い感じがするとしかいえない。

今後の研究の参考のために、表 2 のイチョウの生育環境の概略を記しておく。樹間約 950 cm、1 列 18 本（列間幅は約 650 cm）で 3 列、並木状の植栽。第 I 列目は、本館建物に向かうコンクリート舗装の自動車道に沿って植栽。第 I 列と第 II 列の間は幅 360 cm の舗装された歩道。歩道の縁から内側は全面手入れの行き届いた芝生。第 II 列目は、200 cm ほど芝生内に入った位置で、歩道に平行に植栽。第 III 列目は、全面芝生。第 II 列と III 列目の間から登り勾配、道路面より約 100 cm 高い。第 III 列目はその斜面に植栽。第 I 列と II 列は終日ほぼ太陽光を受ける。第 III 列は午後の後半は、建物と他の樹種の陰に入る。土質、日照、その他、植物の生育に影響する要因の基礎的解析は行われていないので、それについて言及できない。第 I 列目は、都会の並木と同様に、道路に沿って設置される幅 100 cm の土面に等間隔で植栽され、密植された灌木で囲まれている。周囲は、コンクリート道路と舗装歩道面で完全に覆われるので、地上面からの水分供給は他の 2 列に比べ極度に劣る。第 II、III 列の樹下は完全芝生である。ただし、第 II 列の片側は、200 cm 離れたところが歩道縁なので、水分供給面の条件が第 III 列とは異なると思われる。以上からは、列間の生長差の要因は水分供給量の違いであると推測される。

表2から、次のことも読み取れる。雌株（23本）の平均生長率は2.8 cm/年、雄株（30本）は3.1 cm/年である。ギンナンへの資源投資量が多い雌が低い生長率となることは妥当であろう。

3.5　不死、イチョウのしたたかな生き方の戦略

成熟したギンナン（種子）が晩秋に落下し、翌春柔らかい腐食土の中で発芽する。都会のイチョウの木の下には幼イチョウ（発芽体）を見ることができない。そのわけは、街路樹の植わる土の表面が硬く発芽体（幼植物）の根が土中に入れないので、すぐに死んでしまうからである。条件の適した場所で発芽し、根を下ろした後は、花をつけない栄養生長だけが何年か続く。経験的に十数年以上といわれているだけで、実は何年続くか正確なことはわかっていない（そのため、古い時代の中国のある地方では、イチョウのことを公孫樹とよんだのはこのためである）。成熟して花をつけると、次代の子孫をつくるための生殖ができる状態に達したということである。この点、ヒトによく似ている。当然ながら、雄株は雄花を（写真4、左）、雌株は雌花（若いギンナン）をつける（写真4、右）。ヒトと同じく雌雄異体（植物では異株という）である。花の種類が確認できるまでは、すべてのイチョウの性はわからない。この点はヒトとは違う。イチョウには、外観の様子（外部形質）で性の違いを見分ける特徴は知られていない。ただ、園芸の専門家は、雌雄の伸長枝の角度が異なることで見分けているとのことである。著者は、その違いが逆の場合を観察しているので、より多くの事例について調査中である。

写真4：左、雄花（葯）、右、雌花（若いギンナン）

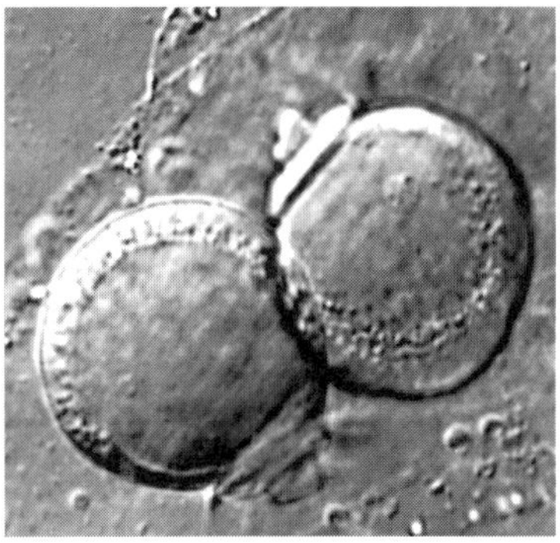

写真5：花粉管の中で泳ぐ2個の精子

花粉は春（関東地方では4月末から5月初旬にかけて）に散布され、小さいギンナン（雌花＝胚珠、この頃は1～2 mmの大きさ）に取り込まれる。すなわち、受粉である。取り込まれた花粉は、8月末までギンナンの中で過ごす。この間に、ギンナンは1～3 cm大に生長している。8月中旬から、花粉はそこで急速に生長し、2個の精子をつくる（写真5）。まもなく、花粉管が破れ、精子は水液のたまった隙間に泳ぎ出て、胚珠につくられた卵まで泳いで行き、受精が行われる。実際の泳ぐ距離は1 mmくらいに過ぎない。受精卵は細胞分裂を続けて胚（＝次の世代の子供である）になる。ギンナンとして私たちが食べているのは、この時期のものである。自然界では、ギンナンは再び落下、発芽し、次の世代へとつながっていく。イチョウ本来の生活の環はこのように繰り返される。イチョウの基本的な生き方、すなわち生活史の概略は以上のようである。

だが、落下した親木の下で、ギンナンが翌春発芽生長しても、親木がそこにあるので、実際には自分の生きる場所はない。無数つくられたギンナンの一部が発芽しても、自分達同士での生存競争も待っていることになる。親に勝ち、同じ世代にも勝たなければ、自分は生きられない。親は子孫を増やし、種として繁栄拡大するための方法として、ギンナンを生んだのに、それを過当競争の渦の中に放り出すのは、投資資源があまりにも無駄すぎる。そうすることの意義は何であろうか？　どのようにして、生きる場を確保するのだろうか？

イチョウは多様な生き方、拡大戦略を持っている。以下に五つほど紹介してみよう。

(1)　あるイチョウ材の専門店を訪ねたとき、そこの社長さんから、あらまし次のような話を聞いた。『こちらでは、ときどき杉林の中で生長したイチョウが取引に出ることがある。そうしたイチョウは、真っすぐ伸びていて、…………なのですよ』。その話を聞いて、すぐに「どうして杉林の中に、イチョウが生えるのだろう？」という素朴な疑問を持った。イチョウはギンナンを木の下に落下するだけで、遠くに飛散させることはできない。それにもかかわらず、杉林の中にイチョウが生えられるためには、そしてまたイチョウの種としての拡大のためには、大形動物の助けを借りた種子の移動（散布）が必須であろう。

いったい、どんな動物がギンナンを運ぶのだろうか？　あの臭い外種皮だけを食べ、ギンナンは捨てる動物はいるだろうか？　動物の生態学者にたずね廻ることしばらく、タヌキの生態研究者に出会えたのが幸いだった。ホンドタヌキが食べるという。タヌキのため糞場で、昨夜出した糞に柿の種と混じって、多数のギンナンを確認した（写真6）。昨年出した糞からは、イチョウの若木が集団で生え

写真 6：昨夜出されたタヌキのため糞（東京都にて）

写真 7：昨年のため糞中のギンナンから発芽した1年目の若イチョウの群落（写真6と同日、同所で撮影、東京都にて）

ていることを確認した（写真7）。移動に寄与するのは、タヌキだけとは限らない。ツキノワグマも可能性があることを、広島県で聞いた。さらには、アカネズミ、それを食うヘビ、いろいろな可能性が考えられる。研究することはまだまだ沢山ある。いずれにしても、これでギンナンの移動方法の一端は理解できた。

(2)　全国のいたるところに、イチョウについて語られる説話がある。「誰々が、杖として突いていたイチョウの枝をここに突き刺し去った後、育ったのがこのイチョウである」。これは、いわゆる「挿

写真 8：枝挿しで行われる、イチョウ葉の栽培畑（福島県新地町にて）

し木」を実践したことにほかならない。イチョウは、挿し木で容易に増やすことができる。現在では、イチョウ葉を栽培採取することを目的に、この挿し木栽培が一般的に行われている（写真8）。イチョウにとっては、生物学的に種の拡大方法として進化させた、基本的な生き延び戦略の一つと解することができよう。すなわち、クローンによる拡大戦略である。

(3)　伐採された樹木の、僅かに残った切り株から萌芽が出ている様子はよく見かける。イチョウも同じことができる。彼らはしたたかなのである。本体は切られても、残った切り株から萌芽を伸ばし、生長する。これは、次代のイチョウではなく、切り去られた本体と同じ世代のイチョウである。切られる前に伸びていた枝と、この萌芽枝の親は同じである。

いろいろな所に生きるイチョウの姿を観察していると、「イチョウという木は寿命がつきる」ということはないのでは？　という考えを抱くような話をよく聞き、またそうした場にしばしば遭遇する。空襲の戦禍で焼けたイチョウが復活した話、大火災で焼けただれたイチョウが生き返った話[42]、などはあちこちで聞かれる。近年では、長崎県普賢岳の火砕流で埋め尽くされた校庭のイチョウが、息を吹き返したというニュースが新聞で報道されたことを記憶されている方もあろう。天災に強い植物の代名詞のように思われる植物、それがイチョウである。イチョウは不老不死の植物である（らしいが、イチョウのように生き続けていないので、多少自信がない！）ことを、あぶり出してみたい。

(4)　古樹、老樹になると、乳（乳根、気根ともよばれる）を伸ばすといわれる（乳とよぶことから、雌株だけが伸ばすと受け取られていることがあるが、雄株も伸ばす）。乳にまつわる説話は、日本各地のイチョウにあり、「乳いちょう」命名のもとになっている。「乳」は「気根」であるという説明も一般的である。生物学的に「気根」とは、空中に伸びる根の総称である。茎から伸びるもの、地中から地上に上向きに伸びるものなどがある。タコノキの気根は大形で、知っておられる方も多いと思う。生物学的に定義される気根とイチョウの乳（現在、専門用語としてチチ chichi が使われる）は、互いに伸びる様子が似ていることから、吸収根（気体を吸収するはたらき）と解釈されたのだと思う。しかし、吸収根として働いているかどうかは不明である。以下、乳の役割について、具体的な観察例をもとに考察してみる。

まず、乳の形態的な特徴をいくつかあげると、①地上に向かって真っすぐ垂下する（写真 9）。決して、曲折したり、上向きすることはない。②乳の形成は、必ずしも老樹とは限らず、幹周が 100 cm を越えない木でも見られる（頻繁に枝払いが行われる街路樹イチョウの、切られた枝の端が瘤状になっているところを見るとよい）（写真 10）。③乳から枝が伸び、葉や花（ギンナン）をつけることもある（写真 11）。④本体の主幹に沿って伸び、地面にまで達すると、幹と融合合体が始まる。⑤乳には、年輪〔様〕の構造は見られない、などである。

写真 9：幹に沿って伸びる乳（青森県にて）

写真 10：比較的若いイチョウの剪定された枝から伸びる乳（東京都にて）

①、②から、切断、折損を受けたイチョウが、過剰になった栄養分の貯留、または消費のために、幹、枝に乳を形成すると考えられる。さらに、機能としてそれだけにとどめず、（融合によって）本体の肥厚にも寄与し、かつ③で、繁殖にも寄与する。このように、乳は多様な機能を担っていると思われる。さらに、明瞭な事例を観察したことはないが、地中まで伸びた乳（写真 12）を枝から切り離しても、乳は独立した個体イチョウに生長できると考えられる。なぜなら、垂下した枝が地面に接し、そこから根が伸び（掘り返しをすべきでないと考えたので、根の実物確認はしていないが）、直立幹を伸ばした木（写真 13）が実在することは、この推測を支持する。このような個体維持・拡大戦略は、イチョウに有利にはたらくはずである。落雷など天災によって、本体部分が枯死・倒壊しても、新たな個体として生き続けられる。

写真 11：乳にできたギンナン（神奈川県にて）

写真 12：先端が地面に入り込んだ乳（青森県にて）

写真 13：枝の先端が地面に接し、そこから根が出て新たな個体に伸びた新イチョウ（青森県七戸町にて）

(5)　イチョウの生き方の、最も印象的でかつ特異な事例を紹介する。写真 14 は、著者が巨木イチョウの調査を始めた初期に出会った、伐採されて消えていたはずのイチョウの姿である。伐採された巨木イチョウの長い幹が、裁断され、その一つが庭石と同じように敷地の一角の土の上に置かれていたため、そのまま生き続けた姿である。探していたイチョウが、伐採されたと聞いたときはショックを感じた。しかし、生えていた場所や切り株がまだ残っていないかなど執拗に聞いているうちに、この存在を知った。この事例は、設置場所に合わせて長さを調節すれば、直径がどんなサイズでも、枝ばかりではなく太い幹も生かすことが可能なことを示している。著者は、前年の秋に枝払いが行われ、そのまま横倒しで放置されていた枝（直径 6 ～ 7 cm、長さは伐採されたときのままで 400 ～ 500 cm）でも、翌春花を咲かせることを何回か観察している。これは、伐採放置されていても、切り口が乾燥状態にさらされる程度なら、かなり長期間生命力が維持されることを示している。

写真 14：生きている、裁断された巨木イチョウの幹の一部（青森県八戸市にて）

写真 15：裁断され、穴に埋められた巨樹イチョウの一部から伸びた多数の萌芽幹（2002 年 11 月）

写真 16：写真 15 の夏の姿（1999 年 11 月）

写真 17：昭和 10 年頃の親木の姿（福井県鯖江市教育委員会提供）

超能力ともいうべきイチョウのこの生存能によって、伐採された巨木イチョウの一部が今日も生き続けている例を紹介する。

1988 年の、環境庁「第 4 回自然環境保全基礎調査」の「日本の巨樹・巨木林」の福井県に、コード番号：18 207－034、鯖江市三峯、幹周 960 cm が記録されている[4]。この木は、1981（昭和 56）年の大雪で折れたため、伐採され、裁断された一部が掘った穴の中に埋められた。

現在の姿（写真 15）からわかるように、大きな塊（かっては大樹であった親木の切断された一部）の上には新萌芽が多数伸びている。盛夏には写真 16 のような樹相になる。鯖江市教育委員会深川義之氏の協力で、昭和 10（1935）年頃に撮影されたといわれる写真が見つかった（写真 17）。形から判断して、当時埋めた部分は、写真中央のほぼ同じ高さの位置から対称的に枝を伸ばしている部位に相当すると思われる。この巨樹の場合、山間部に生えていたこと、その地域がすでに廃村になっていたため、障害物として処理されなかったことが幸いして、今日まで生き続けられる状況が整ったと考えられる。

最後に、やむ終えず伐採しなければならない場合、イチョウのこの特異な能力を利用して、二次的に生かし利用することを提案したい。たとえば、公園などに、土の中に一部を埋めトーテムポール様に立て、生かし続けることができる。その場合、かなり深く埋めることが肝要だと考えられる。これによって、乾燥を防ぎ、湿度が保たれ、イチョウの再生能が維持されるであろう。幹が数メートルも土中に埋まってもイチョウが生きている例が、高知県土佐市にある。仁淀川の堤防構築によって数メートル埋まったイチョウである。

生物学的には、現在一属一種のイチョウが地球上に存在するとされている。現生の *Ginkgo biloba*（イチョウ）の化石は、少なくとも日本においては新生代第三紀（最近、第四紀前期更新世の化石が見つかったとされている[47]）からしか見つかっていない。中世代には、世界の至る所に何種類ものイチョウが生え、現生のイチョウの祖先も生えていた[48]。それが、中国の山地に追い込まれながらも生き続けられたため、有史以後人の手を借りて今日ふたたび人工的な繁栄をみている木である。いわば絶滅危惧植物のパイオニアといえる。では、中世代末に、恐竜の滅亡と時を同じくして、イチョウは衰退の道を経験したのはなぜか。なぜ衰退することになったのか？　衰退に追い込まれたイチョウの生物的要因はなんだったのだろうか？　地史的、気候的要因の解明はもちろんのこと、植物的要因の解明も待ち遠しい。

では、何時（頃）、中国から日本に渡来したのか？　それは木だったのか、枝だったのか、芽生えだったのか、ギンナンだったのか？　いろいろな素朴な疑問が湧いてくる。このことについても、典拠の示されていない、風説な記述を見るだけである[45]。

追　　補

第 1 章「写真編」のプレート原版の準備は、2002 年 8 月末には終えていた。この時点で、冬季像のない木が 7 本あった。2002 年 11 月（晩秋）と 2003 年 3 月（早春）に、そのうち 6 本の撮影機会が得られた。本書では冬季の像を重視しているため、ここに追補として収録した（写真 1 〜 6）。

また、第 1 章の最後に、39c／補として、高知県大豊町高須（泉氏敷地内）を追補した。幹周は 500 cm であるが、多数の乳の発達様態や、その 1 本から直径 5 cm 程度の枝が伸びるなど、他に類をみない希有な特徴があり追加した。

写真 1：118／31c　鳥取県鹿野町　幸盛寺
（撮影日：2002.11.19（D））

写真 2：153／40f　福岡県杷木町　堀氏敷地内･奥株
（撮影日：2003.3.10（D））

写真 3：154／40i　福岡県宝珠山村　岩屋神社（撮影日：2003.3.10（D））

写真 4：156／42b　長崎県豊玉町　六御前神社（撮影日：2002.10.29（D））

写真５：167／44a　大分県宇目町　矢野氏敷地内（撮影日：2003.3.11（D））

写真６：171／45a　宮崎県えびの市　えびの市役所飯野出張所（撮影日：2003.3.12（D））

「あとがき」にかえて

自分がイチョウに興味をいだくようになった原点は何だろう、と思いを巡らせていくと、中学校時代の教科書に行きついた。高等学校時代を終えるまで住んだ札幌では、馴染み深い植物はポプラだった。家から100メートルくらいのところに、北海道大学のポプラ並木の一つがあったからであろう。しかし、札幌にイチョウが生えていた記憶はない（実は、きれいなイチョウ並木が道庁前にあることを後で知った。子供のとき遊んだ北大の構内にも、今では立派なイチョウ並木が育っている。その頃は、幹が直径10 cmにも満たない若い木だったのではないだろうか)。だが不思議なことに、自分の中ではイチョウとポプラは同じくらいに親しいのであった。なぜだろう。それが、学校で教わった与謝野晶子の短歌、「金色のちいさき鳥のかたちして　いちょう散るなり岡の夕日に」であることを、60歳に近くなって初めて悟った。この歌を初めて知った40数年前のその日から、当時まだ行ったこともない内地（本州のこと）の田舎の点景のなかに、夕日に輝き舞うイチョウの葉を、北海道で夢想したことを想いだす。

もう一つ夢見た植物に、「伊那の白梅」（井上靖）がある。伊那谷の訪問は、イチョウの調査ではからずも実現した。また、60歳を越えて、思いもしなかった全県の訪問がイチョウによって実現していた。だが、晶子の「夕日の岡」は、まだ訪れていない。

これまで撮った2万余の写真を整理しながら、使う写真を選抜する作業は、予想以上に単純で、根気のいる仕事であった。200年後に、この写真記録がどんな役立ち方をするかあれこれ考えることは、作業の単純さを楽しいものに変えてくれた。しかし間もなく、さだまさしの“銀杏散りやまず”に出会い、それにも増す作業の推進力得た。この歌の旋律をヘッドホーンで聴きながら続ける時間は、あっという間に過ぎていた。

イチョウは歴史を刻印していると信じてこの書誌をつくっている。しかし、2日前に始まったイラク戦争の経路形跡を、彼の地のどんな植物が記録しているのだろうか。かっては、この地にもイチョウは繁っていたであろうにと思いつつ。

2003年3月22日

銀杏子

参照・引用資料

〈全国の部〉

1 本多静六：大日本老樹名木誌，大日本山林会，三浦書店，1913.
2 帝国山林会編：日本老樹名木天然記念樹（三浦伊八郎，他監修），1962.
3 上原敬二：樹木図説，第二巻 イチョウ科，加島書店，1970.
4 環境庁編：第4回自然環境保全基礎調査，日本の巨樹・巨木林（全8冊），1991.
5 環境庁編：第4回自然環境保全基礎調査・巨樹巨木林調査報告書，日本の巨樹・巨木林（全国版），1991.
6 環境省自然環境局生物多様性センター編：第6回自然環境保全基礎調査，巨樹・巨木林フォローアップ調査報告書，2001.
7 沼田真編：日本の天然記念物5，植物III，講談社，1984.
8 本田正次：植物文化財・天然記念物・植物，三省堂，1957.
9 牧野和春：巨樹名木巡り（全6冊），牧野出版，1989－1991.
10 渡辺典博：ヤマケイ情報箱，巨樹・巨木，山と渓谷社，1999.
11 平岡忠夫：巨樹探検，森の神に会いにゆく，講談社，1999.
12 高橋　弘：日本の巨樹・巨木，森のシンボルを守る，新日本出版社，2001.
13 八木下弘：巨樹，講談社現代新書，講談社，1986.
14 樋田豊宏：イチョウ（自家出版：神奈川県茅ヶ崎市若松町9-28），1991.
15 平井信二：木の辞典・第1集第7巻，かなえ書房，1980.
16 藤元司郎：全国大公孫樹調査，ぎょうせい，1999.

〈都道府県の部〉

17 宮城県緑化推進委員会監修：宮城の巨樹・古木，河北新報社，1999.
18 会津生物同好会：会津の巨樹と名木，1990.
19 第49回全国植樹祭群馬県実行委員会編：ぐんまの巨樹巨木ガイド，上毛新聞社，1999.
20 山崎睦男：茨城の天然記念物，暁印書館，2002.
21 東京府：東京府史蹟名勝天然記念物調査報告書第二冊，「天然記念物老樹大木の調査」，1924.
22 平松純宏：東京 巨樹探訪，けやき出版，1994.
23 小林則夫，他編：ふくいの巨木，福井県自然保護センター，1992.
24 神奈川県教育庁文化財保護課編：かながわの名木100選，神奈川合同出版，1987.
25 神奈川県教育委員会文化財保護課編：樹木総合診断調査報告書，1990.
26 静岡新聞社編：静岡県の巨樹・巨木，静岡新聞社，2001.
27 財団法人鹿児島県環境技術協会編：かごしまの天然記念物 データブック，南日本新聞社，1998.
28 広島県文化財協会編：広島県巨樹調査，1992.
29 山口県教育委員会文化課：山口県文化財一覧，1991.
30 山口県植物研究会編：岡　国夫（原資料）・山口県の巨樹資料，2000.
31 古賀佳好：福岡県の巨木（自家出版：福岡県小郡市井上1368），1999.
32 愛媛県林材業振興会議編：木と語る えひめの巨樹・名木，愛媛の森林基金，1990.

〈市町村の部〉

33 青森市教育委員会編：青森市の文化財，1991.
34 仙台市建設局緑地部編：杜の都の名木・古木，仙台市公園協会，1979.
35 川崎町教育委員会編：川崎町の文化財，第9集「古木・名木」，1996.
36 氷見市教育委員会編：氷見の巨樹名木，氷見市教育委員会，1999.
37 長岡市教育委員会編：長岡の文化財，長岡市教育委員会，1993.

38 長浜町文化財保護審議会委員編：長浜の文化財，長浜町教育委員会，1994.

〈**一般の部**〉

39 環境庁自然保護局計画課編：都道府県別メッシュマップ（全 53 巻），環境庁自然環境研究センター，1997.

40 全国地名読みがな辞典（第 6 版），清光社，1998.

41 佐竹研一：環境汚染のタイムカプセル“入皮”による地球汚染時系列変化手法の開発と応用，文部科学省，科学研究費補助金（基盤研究 B）・研究成果報告書，2001.

42 唐沢孝一：よみがえった黒こげのいちょう，大日本図書，2001.

43 渡辺新一郎：巨樹と樹齢，新風舍，1996.

44 内田武志・宮本常一編：菅江真澄全集，第 4，5 巻，未来社，1979.

45 堀　輝三：イチョウの伝来は何時か—古典資料からの考察—，Plant Morphology **13**, 31－40, 2001.

46 T. Hori et al.(Eds.)： Ginkgo Biloba–A Global Treasure. From Biology to Medicine, Springer-Verlag Tokyo, 1997.

47 山川千代美：鮮新-更新統古琵琶湖層群産のイチョウ葉化石，植生史研究 **8**, 33－38, 2000.

48 H. Tralau ： Evolutionary trends in the genus *Ginkgo*, Lethaia **1**, 63－101, 1968.

49 堀　輝三：イチョウの精子—その観察法—，遺伝 **50**(6), 21－26, 1996.

50 織田秀実：イチョウの雌雄性，遺伝 **23**(4), 25－26, 1969.

51 田上喬一・堀　輝三：大阪御堂筋並木イチョウの雌雄間にみられる開芽日の差異，東大阪短期大学紀要　第 26 号，81－88, 2001.

52 堀　輝三：イチョウの植物季節 2．仙台市のイチョウ並木における開芽日の雌雄差．第 14 回日本植物学会東北支部大会（山形大学），講演要旨集，p.15，2001.

53 能城修一・鈴木三男・高橋　敦：近世江戸のイチョウの木製品，植生史研究 **7**, 81－83, 1999.

著者のプロフィール

堀 輝三（ほり　てるみつ）
1938年北海道札幌市生まれ
理学博士，筑波大学名誉教授
日本藻類学会元会長，日本植物学会理事・評議員・代議員等を歴任，その他内外の諸学会の役員を多数歴任
主な著書として，T. Hori et al.(Eds.), Ginkgo Biloba－A Global Treasure, Springer-Verlag Tokyo, 1997；藻類の生活史集成(全3巻)，内田老鶴圃，1993；陸上植物の起源(共訳)，内田老鶴圃，1996；その他がある
現在，茨城県つくば市在住，銀杏科学研究舎を主宰
Fax: 029－852－0612

2003年6月15日　第1版発行

著者の了解により検印を省略いたします

写真と資料が語る
日本の巨木イチョウ
23世紀へのメッセージ

著　者　堀　輝三
発行者　内田　悟
印刷者　山岡景仁

発行所 株式会社 **内田老《ろう》鶴《かく》圃《ほ》**　〒112－0012 東京都文京区大塚3丁目34番3号
電話（03）3945－6781(代)・FAX（03）3945－6782
印刷/三美印刷 K.K.・製本/榎本製本 K.K.

Published by UCHIDA ROKAKUHO PUBLISHING CO., LTD.
3－34－3 Otsuka, Bunkyo-ku, Tokyo 112-0012, Japan
U.R. No. 526－1

ISBN 4－7536－4089－2　C1045

藻類の生活史集成　　堀　輝三　編

専門研究者 115 名が，502 種に及ぶ藻類の生活史を図と解説により見やすく，分かりやすく示した労作．左ページに図，右ページに解説を配した見開き編集で構成する．

第 1 巻　緑色藻類　B5 判・448 頁(185 種)　本体価格 8000 円（税別）

第 2 巻　褐藻・紅藻類　B5 判・424 頁(171 種)　本体価格 8000 円（税別）

第 3 巻　単細胞性・鞭毛藻類　B5 判・400 頁(146 種)　本体価格 7000 円（税別）

陸上植物の起源
―緑藻から緑色植物へ―

渡邊　信・堀　輝三　共訳

A5 判・384 頁・本体価格 4800 円（税別）

最初に海で生まれた現生植物の祖先はどのような進化をたどって陸上に進出したのか．本書は，分子生物学，生化学，発生学，形態学などの成果にもとづく探求の書．海藻のような海産藻類からでなく，淡水域に生息した緑藻，特にシャジクモ類から派生したという推論をたて，陸上植物の出現した約五億年前の地球環境，DNA の構造，シャジクモ類の形態・生態・生理などを総合的に考察する．

藻類多様性の生物学

千原光雄　編著

B5 判・400 頁・本体価格 9000 円（税別）

藻類の複雑な多様性・異質性は藻学およびその周辺領域の多くの学問による長い年月の成果に裏付けられたものであり，その全貌を理解することは容易なことではない．本書は，かねてより最近の知識を盛った藻類の教科書の必要性を痛感していた編者が，それぞれの藻群を得意とする専門家の参加を得て，膨大な知識の蓄積を整理するとともに，次々と発表される新しい成果を取り入れつつ編んだもので，現在の藻類を理解するための最適の書である．

植物組織学

猪野俊平　著

B5 判・727 頁・18000 円（税別）

植物組織学の定義・内容・発達史から研究方法，組織細胞，体制と組織へと詳述した植物組織学の決定版．詳細な本文に克明に描写した700余に上る挿図，82頁に及ぶ学術名・人名・和名の索引を付しているので事典としての利用度も高い．

生物学史展望

井上清恒　著

A5 判・448 頁・5800 円（税別）

五千年に渉る生物学の流れを追い，各時代の「学」の特質を浮き彫りにするとともに，個別分野の発展の跡をも正確に跡付け，歴史的に分析し，生命探求の足跡とその成果を明示する．

花色の生理・生化学

安田　齊　著

A5 判・296 頁・5000 円（税別）

花色をつくりだすカロチノイド，フラボノイド，アントシアニンなどの色素群についての多くの知見，それらの生合成の研究を花の色と題してまとめた書．　総論／色素の化学／色素の生合成／花色変異の機構／花色の遺伝生化学

植物生長の遺伝と生理

中山　包　著

A5 判・240 頁・4000 円（税別）

本書は主に植物の発育・生長の生理の遺伝関係を解説することを主眼とする．　組織培養／種子と発芽／胎生／形態形成の立場から／凋萎／葉と葉色の変異／光合成の立場から／特異の生長型 1／特異の生長型 2／根系の生長／矮性／腫瘍／倍数体と生長／ヘテロシス／遺伝死

植物細胞遺伝工学

西山市三　著

A5 判・280 頁・5500 円（税別）

細胞／種間雑種／メンデル遺伝とその歪み／ゲノム付随の遺伝要素／性染色体と性決定／細胞質遺伝／人為倍数体の育成／応用細胞遺伝／倍数性と植物進化／植物細胞組織培養／分子遺伝学の基礎／核外遺伝子

動物の色素

梅鉢幸重　著

A5 判・392 頁・8000 円（税別）

動物の体色に関与する色素を，動物自身によって合成されるもの，植物由来のもの，体内微生物由来のものを含めて「動物の色素」として解説する．　カロチノイド／フラボノイド／プテリジン系色素／メラニン／インドール系色素／キノン系色素／オモクローム　ほか

内田老鶴圃